複素関数とその応用
複素平面でみえる物理を理解するために

佐藤 透 [著]

フロー式
物理演習
シリーズ

須藤彰三
岡　真
［監修］

共立出版

刊行の言葉

　物理学は，大学の理系学生にとって非常に重要な科目ですが，"難しい"という声をよく聞きます．一生懸命，教科書を読んでいるのに分からないと言うのです．そんな時，私たちは，スポーツや楽器（ピアノやバイオリン）の演奏と同じように，教科書でひと通り"基礎"を勉強した後は，ひたすら（コツコツ）"練習（トレーニング）"が必要だと答えるようにしています．つまり，1つ物理法則を学んだら，必ずそれに関連した練習問題を解くという学習方法が，最も物理を理解する近道であると考えています．

　現在，多くの教科書が書店に並んでいますが，皆さんの学習に適した演習書（問題集）は，ほとんど見当たりません．そこで，毎日1題，1ヵ月間解くことによって，各教科の基礎を理解したと感じることのできる問題集の出版を計画しました．この本は，重要な例題30問とそれに関連した発展問題からなっています．

　物理学を理解するうえで，もう1つ問題があります．物理学の言葉は数学で，多くの"等号（＝）"で式が導出されていきます．そして，その等号1つひとつが単なる式変形ではなく，物理的考察が含まれているのです．それも，物理学を難しくしている要因であると考えています．そこで，この演習問題の中の例題では，フロー式，つまり流れるようにすべての導出の過程を丁寧に記述し，等号の意味がわかるようにしました．さらに，頭の中に物理的イメージを描けるように図を1枚挿入することにしました．自分で図に描けない所が，わからない所，理解していない所である場合が多いのです．

　私たちは，良い演習問題を毎日コツコツ解くこと，それが物理学の学習のスタンダードだと考えています．皆さんも，このことを実行することによって，驚くほど物理の理解が深まることを実感することでしょう．

須藤　彰三
岡　真

まえがき

　本書では，物理を学んでいく上で必須となる数学のなかで，複素関数を中心として，フーリエ解析，特殊関数を取り入れました．複素数というと，はじめは現実の世界にどのように関係しているのか不思議な気がしますが，量子力学をはじめ物理学を理解する上では，習得することが必須のアイテムです．指数関数と三角関数を結びつける公式 $e^{i\theta} = \cos\theta + i\sin\theta$ は，大学で最初にお目にかかったとき，高校で三角関数に悩まされてきた私は，その明確さに意表をつかれました．複素関数は，複素数を変数とし複素数の値をもつ関数です．しかも，そのなかで，微分可能な関数の仲間だけを相手にします．それでも，物理の電磁気や量子力学など様々な場面で，いつも共通に現れるベッセル関数，ルジャンドル関数などの特殊関数は，この関数の範疇に入ります．また実数の関数を複素関数に拡張することによって，新しい面がみえてくることになります．

　ここで取り上げた複素関数，フーリエ解析（フーリエ級数，フーリエ変換），特殊関数（ルジャンドル多項式，ベッセル関数）は，それぞれ一冊の演習書を必要とするくらい，豊富な内容をもっています．そのなかで，大切なもの，基礎的な問題から，ちょっとした応用問題まで選び，読者自身が問題を解いていきながら，考え方が身についていくことを目指しました．その際，特に物理で使う場面が垣間見えるよう努めました．とても例題に収まりきれない重要な事柄が発展問題にも含まれています．ぜひ発展問題もペンを動かして確かめてください．発展問題の解答も自習できるよう，紙面の許す限り詳しく解説しています．なかには，すこし手間のかかる問題も入れてあります．とにかく，時間をかけて悩むことがとても大切です．一種の筋トレと思って解いてください．

専門家からみるとずいぶん荒っぽい話になっているかもしれませんが，数学を使えるようにすることに重きをおきました．定理などをきちんと理解するためには，教科書を参考に自分自身で勉強ください．

　将来，難しい問題に出会ったときに，本書での経験が，さらに奥深くすすんでいく手助けとなることを望んでいます．

2013 年 11 月　　　　　　　　　　　　　　　　　　　　　　　　　佐藤 透

目 次

1 **複素数と複素関数**　　　1
   - 例題 1【複素平面・四則演算】　　　5
   - 例題 2【初等関数・累乗関数】　　　8

2 **複素関数の微分と積分**　　　9
   - 例題 3【コーシー・リーマンの関係式】　　　13
   - 例題 4【複素積分】　　　18
   - 例題 5【コーシーの積分定理】　　　22

3 **コーシーの積分公式と応用**　　　26
   - 例題 6【コーシーの積分公式】　　　31
   - 例題 7【テイラー，ローラン展開】　　　34
   - 例題 8【留数，留数定理】　　　38
   - 例題 9【留数定理の定積分への応用】　　　43

4 **多価関数とリーマン面**　　　46
   - 例題 10【多価関数】　　　49
   - 例題 11【実関数の積分】　　　51

5 **フーリエ級数**　　　54
   - 例題 12【三角多項式】　　　58
   - 例題 13【フーリエ級数展開】　　　62
   - 例題 14【常微分方程式への応用】　　　67
   - 例題 15【偏微分方程式への応用】　　　70

6　フーリエ変換　　74
- 例題 16【フーリエ変換】 79
- 例題 17【たたみこみ】 82
- 例題 18【偏微分方程式への応用】 86
- 例題 19【ディラックのデルタ関数】 89
- 例題 20【3次元のフーリエ変換】 92

7　直交関数系　　95
- 例題 21【スツルム・リュヴィル型微分方程式】 . . . 98

8　ルジャンドル多項式　　100
- 例題 22【微分方程式】 103
- 例題 23【ルジャンドル多項式】 107
- 例題 24【ルジャンドル多項式の性質】 110
- 例題 25【ルジャンドル展開】 113
- 例題 26【球面調和関数】 117

9　ベッセル関数　　121
- 例題 27【微分方程式】 125
- 例題 28【積分表示】 128
- 例題 29【フーリエ・ベッセル展開】 131
- 例題 30【球ベッセル関数】 134

10　参考文献　　138

11　付録　　140

12　発展問題解答　　145

重要度
★★★★★

1 複素数と複素関数

―――《 内容のまとめ 》―――

複素数と複素平面 [例題 1]:

複素数 z は実数の組 x, y と虚数単位 $i(i^2 = -1)$ を用いて

$$z = x + iy \tag{1.1}$$

と表される．$x = Re(z)$ を複素数 z の実部，$y = Im(z)$ を虚部という．複素数 z に対して $\bar{z} = x - iy$ を z の共役複素数という．

実数は 1 次元の数直線上の点として表現される．一方，実数の組 (x, y) で表される複素数 z は次の図のように横軸を実軸，縦軸を虚数軸とする複素平面（ガウス平面）上の点で表される．複素数 z は，原点 o から z までの距離 $r = \sqrt{x^2 + y^2}$ と，x 軸正の方向から反時計回りに測った角度 θ を用いて

$$z = r\cos\theta + ir\sin\theta = re^{i\theta} \tag{1.2}$$

と表される．これを極形式という．ここでオイラー (Euler) の公式 $e^{i\theta} = \cos\theta + i\sin\theta$ を用いた．r を複素数 z の絶対値 $r = |z|$，θ を偏角 $\theta = arg(z)$ とよぶ．偏角 θ に 2π の整数倍を加えても z の値は変わらないので，偏角には $2n\pi (n$ は整数$)$ の不定性がある．

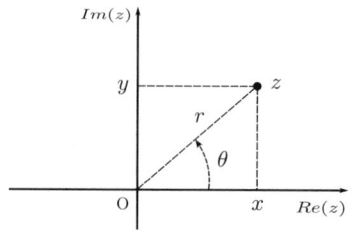

四則演算 [例題 1]:

複素数 z_1, z_2 の和と差は実部と虚部それぞれの和と差により $z_1 \pm z_2 = (x_1 \pm x_2) + i(y_1 \pm y_2)$ と与えられる．複素平面上のベクトル $\overrightarrow{oz_1}$ と $\overrightarrow{oz_2}$ の和と差に対応している．積と商は極形式を用いると，$z_1 z_2 = r_1 r_2 e^{i(\theta_1 + \theta_2)}$，$\dfrac{z_1}{z_2} = \dfrac{r_1}{r_2} e^{i(\theta_1 - \theta_2)}$ と表される．これらはベクトルの回転や拡大縮小として幾何学的に理解することができる．

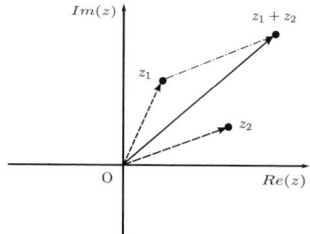

複素関数 [例題 2]:

複素関数 $f(z)$ は複素数 z に対して複素数 $w = f(z)$ を対応させる．N 次の多項式 $P_N(z)$ は複素数の係数 a_n を用いて

$$P_N(z) = \sum_{n=0}^{N} a_n z^n = a_0 + a_1 z + a_2 z^2 + \cdots a_N z^N \tag{1.3}$$

と与えられる．有理関数は多項式 P_N, Q_M の商

$$\frac{P_N(z)}{Q_M(z)} = \frac{a_0 + a_1 z + a_2 z^2 + \cdots a_N z^N}{b_0 + b_1 z + b_2 z^2 + \cdots b_M z^M} \tag{1.4}$$

である．次の級数

$$P(z) = \sum_{n=0}^{\infty} a_n z^n \tag{1.5}$$

をべき級数という．正の実数 ρ に対して，べき級数 $P(z)$ が $|z| < \rho$ で絶対収束しているとき ρ を収束半径という．収束半径 ρ は以下の方法を用いて得られる[1]．

$$\rho = \lim_{n \to \infty} \frac{|a_n|}{|a_{n+1}|} \quad \text{ダランベールの判定法} \tag{1.6}$$

$$\frac{1}{\rho} = \overline{\lim_{n \to \infty}} |a_n|^{\frac{1}{n}} \quad \text{コーシーの判定法}. \tag{1.7}$$

初等関数 [例題 2]:

指数関数や三角関数はべき級数を用いて定義される．

$$e^z = \sum_{n=0}^{\infty} \frac{z^n}{n!} \tag{1.8}$$

$$\cos z = \sum_{n=0}^{\infty} \frac{(-1)^n}{(2n)!} z^{2n}, \quad \sin z = \sum_{n=0}^{\infty} \frac{(-1)^n}{(2n+1)!} z^{2n+1}. \tag{1.9}$$

また，これから

$$\cos z = \frac{e^{iz} + e^{-iz}}{2}, \quad \sin z = \frac{e^{iz} - e^{-iz}}{2i} \tag{1.10}$$

が導かれる．e^z の収束半径は $\rho = \lim_{n \to \infty} \frac{(n+1)!}{n!} = \infty$ である．

対数関数，累乗関数 [例題 2]:

対数関数 $\log z$ は

$$\log z = \log |z| + i\,arg(z) \tag{1.11}$$

と与えられる．また，累乗関数 z^α は

$$z^\alpha = e^{\alpha \log z} = e^{\alpha(\log |z| + i\,arg(z))} \tag{1.12}$$

---

[1] べき級数の収束性とテストについては，たとえば参考文献 [12,13]

となる．これらの複素関数は偏角 $arg(z) = \theta + 2n\pi$ の不定性により，1つの z に対して複数の関数値が対応する**多価関数**である．

たとえば，図のように，z の偏角として θ と $\theta + 2\pi$ を選んでも z の値は同じである．

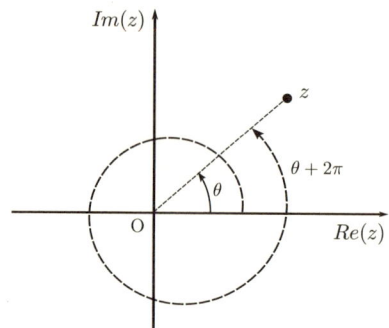

一方，$z^{\frac{1}{2}}$ は $arg(z) = \theta, \theta + 2\pi$ に対応して $w_1 = \sqrt{r}e^{\frac{i\theta}{2}}$，$w_2 = -\sqrt{r}e^{\frac{i\theta}{2}}$ という2つの値をもつ．これは，正の実数 $z = a > 0$ において，$z^{\frac{1}{2}} = \pm\sqrt{a}$ となることに対応している．偏角を $0 \leq arg(z) < 2\pi$ のように限定したものを，偏角の**主値**とよび $Arg(z)$ と書く．コンピュータの組み込み関数では，主値が $-\pi < arg(z) \leq \pi$ とされることが多い．

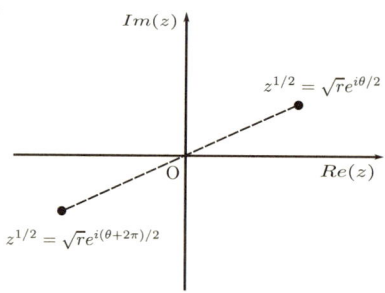

例題1　複素平面・四則演算

(1) π を計算する.

1.1 $\dfrac{(5+i)^4}{1+i} = 478 + 2i$ を示せ.

1.2 $\pi = 16\arctan\dfrac{1}{5} - 4\arctan\dfrac{1}{239}$ が成り立つことを示せ.

1.3 $\arctan x = x - \dfrac{x^3}{3} + \dfrac{x^5}{5} + \cdots$ を用い，有効数字 2 桁で π の値を求めよ.

(2) $w = \dfrac{z-1}{z+1}$ とする．$Re(z) > 0$ のとき $|w| < 1$ を解析的に示せ．また $|w| < 1$ を，式を用いずに複素平面の幾何を利用して示せ.

考え方

複素関数の微分，積分においては，複素平面における複素数を直感的に理解しておくことが非常に大切となる.

‖解答‖

(1)

1.1 複素数の四則演算を実行する.

$$\dfrac{(5+i)^4}{1+i} = \dfrac{(25+10i-1)^2}{1+i} = 478 + 2i$$

を得る.

1.2 上式の両辺の偏角を調べる.

右辺の偏角は $arg(478+2i) = \arctan\dfrac{1}{239}$．左辺の偏角は $arg\bigl(\dfrac{(5+i)^4}{1+i}\bigr) = 4\,arg(5+i) - arg(1+i)$ より，$4\arctan\dfrac{1}{5} - \dfrac{\pi}{4}$ となる．したがって,

$$\pi = 16\arctan\dfrac{1}{5} - 4\arctan\dfrac{1}{239}$$

を得る.

1.3 $\dfrac{1}{5}, \dfrac{1}{239}$ は小さい値なのでテイラー展開

ワンポイント解説

・$(re^{i\theta})^\alpha = r^\alpha e^{i\alpha\theta}$

$\arctan x = x - \dfrac{x^3}{3} \cdots$ を用いて計算する.

$$\pi \sim 16\left(\dfrac{1}{5} - \dfrac{1}{3 \times 5^3}\right) - \dfrac{4}{239}$$
$$= 3.20 - 0.0426 - 0.0167 = 3.14\cdots \sim 3.1.$$

(2) 複素数 $z = x + iy$ とすると

$$w = \dfrac{z-1}{z+1} = \dfrac{x-1+iy}{x+1+iy}$$
$$= \dfrac{x^2+y^2-1+2iy}{(x+1)^2+y^2}.$$

絶対値は

$$|w| = \dfrac{\sqrt{(x^2+y^2-1)^2+4y^2}}{(x+1)^2+y^2}$$
$$= \dfrac{\sqrt{1-\dfrac{4x^2}{(x^2+y^2+1)^2}}}{1+\dfrac{2x}{(x^2+y^2+1)}}$$

と表される.

　分子 < 1 であり,$Re(z) = x > 0$ のとき,分母 > 1 なので $|w| < 1$ となる.

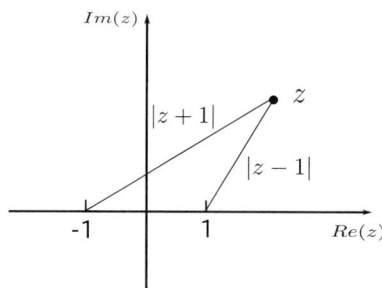

　一方,図のように $|z\pm 1|$ は z と ∓ 1 の距離を与える.$Re(z) > 0$ の場合,z は -1 よりも 1 に近いので $|w| = \dfrac{|z-1|}{|z+1|} < 1$ となる.

・$\dfrac{C+iD}{A+iB}$
$= \dfrac{(C+iD)(A-iB)}{(A+iB)(A-iB)}$,
$= \dfrac{\left(AC+BD+i(AD-CB)\right)}{A^2+B^2}$
を用いる

例題1の発展問題

1-1. $e^{i\theta} = \cos\theta + i\sin\theta$ を用いて3倍角の関係式を導け．（ド・モアブルの公式）

1-2. a, b は複素数 $a = 1 + 2i$, $b = 3 + 4i$, t は実数のパラメータとして

$$z = a + t(b - a)$$

で表される図形を複素平面上に描け．

1-3. 複素平面上で，任意の複素数 z から iz および $-2z$ を作図する方法を述べよ．

（ヒント：$w = az$, $w = u + iv$, $z = x + iy$, $a = |a|e^{i\theta}$ とすると，x, y と u, v の関係は

$$\begin{pmatrix} u \\ v \end{pmatrix} = |a| \begin{pmatrix} \cos\theta & -\sin\theta \\ \sin\theta & \cos\theta \end{pmatrix} \begin{pmatrix} x \\ y \end{pmatrix}$$

のように，ベクトルの回転として表される.）

例題2 初等関数・累乗関数

(1) $z = x + iy$ として，z^2, および $\sin(z)$ を実数 x, y の関数として表せ．

(2) i^i, および $\sin(\pi + i)$ の値を求めよ．

考え方

(2) では $A^B = e^{B \log A}$ を用いる．多価関数となることに注意する．

‖解答‖

(1) $z^2 = (x+iy)^2 = x^2 - y^2 + i2xy$．

$$\sin(z) = \frac{e^{iz} - e^{-iz}}{2i}$$ に $z = x + iy$ を代入する．$e^{A+B} = e^A e^B$ より $e^{iz} = e^{ix-y} = e^{ix}e^{-y} = e^{-y}(\cos x + i \sin x)$ となる．e^{-iz} も同様に計算してまとめると

$$\sin(z) = \cos x \frac{e^{-y} - e^y}{2i} + i \sin x \frac{e^{-y} + e^y}{2i}$$
$$= \sin x \cosh y + i \cos x \sinh y.$$

(2) $a^b = e^{b \log a}$, $\log a = \log |a| + i\,arg(a)$ を用いると

$$i^i = e^{i \log i} = e^{i(\log(1) + i(\frac{\pi}{2} + 2n\pi))} = e^{-\pi(2n + \frac{1}{2})}.$$

n は整数．i の偏角の不定性により1つの値に決まらない．

$$\sin(\pi + i) = \frac{e^{i(\pi+i)} - e^{-i(\pi+i)}}{2i} = \frac{-e^{-1} + e}{2i} = -i \sinh 1.$$

ワンポイント解説

・同様に

$\cos(z)$
$= \cos x \cosh y$
$- i \sin x \sinh y$

と表され

$\sin^2 z + \cos^2 z = 1$ となることも容易に示される．

$\sinh z = \frac{e^z - e^{-z}}{2}$

$\cosh z = \frac{e^z + e^{-z}}{2}$

例題2の発展問題

2-1. $\log(1+z)$ のべき級数展開 $\sum_{n=1}^{\infty} (-1)^{n+1} \frac{z^n}{n}$ の収束半径を求めよ．

2-2. 32 の 5 乗根をすべて求め，複素平面上に図示せよ．

2-3. $\sin(z), \tan(z)$ の逆関数を求めよ（ヒント：$w = \arcsin z$ とし，$z = \frac{e^{iw} - e^{-iw}}{2i}$ から w を求める．）．

2 複素関数の微分と積分

―――《 内容のまとめ 》―――

複素微分：

複素関数の微分は

$$\frac{df}{dz} = \lim_{\Delta z \to 0} \frac{f(z + \Delta z) - f(z)}{\Delta z} \tag{2.1}$$

で与えられる．たとえば，$f(z) = z$ の微分は，

$$\frac{df}{dz} = \lim_{\Delta z \to 0} \frac{(z + \Delta z) - z}{\Delta z} = 1$$

と与えられる．実関数の微分と同様に $\frac{dz^n}{dz} = nz^{n-1}$ となる．また収束半径内部で，べき級数 (1.5) の微分は $\frac{dP(z)}{dz} = \sum_{n=1}^{\infty} n a_n z^{n-1}$ となる．

$f(z), g(z)$ を微分可能な複素関数，a, b を定数とするとき，以下のように実関数と同様の関係式が成り立つ．

$$\frac{d}{dz}(af(z) + bg(z)) = a\frac{df}{dz} + b\frac{dg}{dz}$$

$$\frac{d}{dz}(f(z)g(z)) = \frac{df}{dz}g + f\frac{dg}{dz}$$

$$\frac{d}{dz}f(g(z)) = \frac{dg}{dz}\frac{df}{dg}.$$

10　　2　複素関数の微分と積分

コーシー・リーマンの関係式 [例題 3]：
　複素関数 $f(z)$ は複素数 $z = x + iy$ を複素数 $u + iv$ へ対応させるので，$f(z) = u(x,y) + iv(x,y)$ の実部 $u(x,y)$ と虚部 $v(x,y)$ は，一般に x, y の 2 変数の関数となる．$x = \dfrac{z+\bar{z}}{2}$, $y = \dfrac{z-\bar{z}}{2i}$ を用いると一般に複素関数は z と $\bar{z}$ の関数となる．複素微分は実数の微分と異なり，実部と虚部があるので，Δz のゼロへの近づき方は無限にある．どのようなゼロへの近づき方をしても $\dfrac{df}{dz}$ が同じ値となるとき，複素関数は微分可能であるという．微分可能の必要十分条件は実関数 u, v が偏微分可能であり，以下のコーシー・リーマンの関係式を満たすことである．

$$\frac{\partial u(x,y)}{\partial x} = \frac{\partial v(x,y)}{\partial y} \tag{2.2}$$

$$\frac{\partial u(x,y)}{\partial y} = -\frac{\partial v(x,y)}{\partial x}. \tag{2.3}$$

$z = z_0$ の近傍で $f(z)$ が微分可能であるとき，$f(z)$ は $z = z_0$ で正則であるという．また複素平面のある領域で微分可能であるとき，関数 $f(z)$ はその領域で正則であるという．正則な複素関数は，$\dfrac{\partial f}{\partial \bar{z}} = 0$ を満たし，z のみに依存する関数である．関数 $f(z)$ がある点で正則でないとき，その点を**特異点**とよび，第 3 章で詳しく調べる．

複素積分 [例題 4]：
　複素関数の積分は複素平面上の曲線に沿って積分を行う．

$$\int_C f(z)dz \tag{2.4}$$

複素平面上の曲線 C は，パラメータ t を用いて $z(t) = x(t) + iy(t)$ と表す．
　積分路 (C) に沿った複素積分はパラメータ t を用いると

$$\int_C f(z)dz = \int f(z)\frac{dz}{dt}dt \tag{2.5}$$

と与えられる．具体的に積分を実行するには，経路を表す $x(t), y(t)$ を用いて

$$\int_C f(z)dz = \int_{t_A}^{t_B} [(u\frac{dx}{dt} - v\frac{dy}{dt}) + i(u\frac{dy}{dt} + v\frac{dx}{dt})]dt \tag{2.6}$$

のように，実数変数 t の積分を用いて求められる．図のように曲線 C の始点を z_A，終点を z_B とすると，それぞれパラメータ t_A, t_B に対応する．曲線には向きがついている．z_B を始点として逆向きに z_A に向かう曲線を $-C$ と書くことにする．始点と終点が一致している曲線 (C') を**閉曲線**という．ここでは，なめらかな曲線（$x(t), y(t)$ およびその導関数が連続で，$z'(t) \neq 0$）を有限個つないだ区分的になめらかな曲線で，一度も自分自身と交わらない（**単純曲線**）とする．以後，本書の複素関数論の章では曲線，閉曲線は区分的になめらかな単純曲線，単純閉曲線とする．

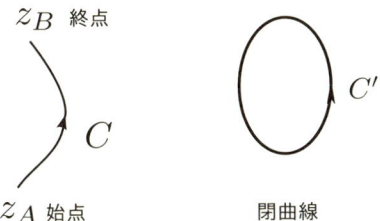

複素関数の積分について，以下の関係式が成り立つ．

$$\int_C (f(z) \pm g(z))dz = \int_C f(z)dz \pm \int_C g(z)dz \tag{2.7}$$

$$\int_C af(z)dz = a\int_C f(z)dz \tag{2.8}$$

$$\int_{-C} f(z)dz = -\int_C f(z)dz \tag{2.9}$$

$$\int_{C_1+C_2} f(z)dz = \int_{C_1} f(z)dz + \int_{C_2} f(z)dz. \tag{2.10}$$

ここで，a は定数，C_1+C_2 は経路 C_1 の終点と C_2 の始点が一致している場合 2 つの経路を結合した経路を表す．積分路の始点と終点が同じ，単純閉曲線に沿った周回積分を

$$\oint_C f(z)dz \tag{2.11}$$

と表す．図の C' のように，曲線で囲まれた領域を左側に見る向きを正の向きとする．

コーシーの積分定理 [例題 5]:

複素関数 $f(z)$ が閉曲線 C と C で囲まれる単連結な領域 D で正則であるとき，コーシーの積分定理が成り立つ．

$$\oint_C f(z)dz = 0. \tag{2.12}$$

図の D_1 のように領域内の任意の閉曲線を一点に縮めることができる領域を単連結という．D_2 は単連結ではない．

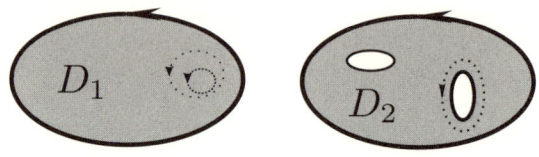

単連結　　　　　　単連結でない

コーシーの積分定理は，積分経路 C を，始点と終点を変えずに $f(z)$ が正則である領域内で変形しても，積分値は変わらないことを意味する．これは，力学において保存力による仕事が経路によらず，始点と終点のみで決まる事と同様である．(参照　本シリーズ 5 巻「質点系の力学」例題 12)

例題3　コーシー・リーマンの関係式

(1) 次の関数がコーシー・リーマンの関係式を満足するか調べ，正則関数の場合は $\dfrac{df}{dz}$ を求めよ．

(a) e^z 　　(b) $\dfrac{1}{z-1}$ 　　(c) $z\bar{z}$

(2) $f(z) = u(x,y) + iv(x,y)$ は正則関数である．$v(x,y) = 3x^2y - y^3$ が与えられたとき，$f(z)$ を求めよ．

考え方

コーシー・リーマンの関係式を調べると，複素関数が正則かどうか判定できる．コーシー・リーマンの関係式の導出を簡単に復習しておく．複素微分において，Δz を実軸に平行にゼロに近づけるとき，$\Delta z = \Delta x$, $\Delta y = 0$ より

$$\begin{aligned}
\frac{df}{dz} &= \lim_{\Delta x \to 0} \frac{f(z+\Delta x) - f(z)}{\Delta x} \\
&= \lim_{\Delta x \to 0} \frac{u(x+\Delta x, y) - u(x,y) + i(v(x+\Delta x, y) - v(x,y))}{\Delta x} \\
&= \frac{\partial u(x,y)}{\partial x} + i\frac{\partial v(x,y)}{\partial x}.
\end{aligned}$$

同様に Δz を虚軸に平行にゼロへ近づけるとき，$\Delta z = i\Delta y$, $\Delta x = 0$ より

$$\begin{aligned}
\frac{df}{dz} &= \lim_{\Delta y \to 0} \frac{f(z+i\Delta y) - f(z)}{i\Delta y} \\
&= -i\frac{\partial u(x,y)}{\partial y} + \frac{\partial v(x,y)}{\partial y}.
\end{aligned}$$

これらの $\dfrac{df}{dz}$ が等しいことから，コーシー・リーマンの関係式が得られる．

解答

(1)

(a) $e^z = e^{x+iy} = e^x(\cos y + i\sin y)$ より

$$u(x,y) = e^x \cos(y) \quad (2.13)$$
$$v(x,y) = e^x \sin(y) \quad (2.14)$$

となる．これを用いて

$$\frac{\partial u}{\partial x} = e^x \cos(y) = \frac{\partial v}{\partial y}$$
$$\frac{\partial u}{\partial y} = -e^x \sin(y) = -\frac{\partial v}{\partial x}$$

となりコーシー・リーマンの関係式が満たされ，正則関数であることが示された．

また，e^z の複素微分は

$$\frac{de^z}{dz} = \frac{\partial}{\partial x}e^z.$$

ここで式 (2.13) と式 (2.14) を用いると

$$\frac{de^z}{dz} = e^z$$

が得られた．

また $\frac{d}{dz}e^{\alpha z} = \alpha e^{\alpha z}$ を用いると

$$\frac{d\sin z}{dz} = \frac{d}{dz}\frac{e^{iz} - e^{-iz}}{2i}$$
$$= \frac{1}{2i}[ie^{iz} + ie^{-iz}] = \cos z.$$

同様に，$\dfrac{d\cos z}{dz} = -\sin z$

が得られる．実変数の三角関数の微分公式が，そのまま複素数の三角関数にも使えることが確かめられる．

ワンポイント解説

- $\dfrac{1}{i}\dfrac{\partial}{\partial y}(e^x(\cos y + i\sin y))$ を計算してもよい

- $e^z, \sin z, \cos z$ は，複素平面全体で正則であり，整関数とよばれる．

(b) $\dfrac{1}{z-1}$ を実部と虚部に分ける．
$$\frac{1}{(z-1)} = \frac{1}{((x-1)+iy)} = \frac{(x-1)-iy}{(x-1)^2+y^2}$$
より
$$u(x,y) = \frac{x-1}{(x-1)^2+y^2}$$
$$v(x,y) = -\frac{y}{(x-1)^2+y^2}$$

を得る．これから偏微分を計算すれば
$$\frac{\partial u}{\partial x} = \frac{-(x-1)^2+y^2}{((x-1)^2+y^2)^2} = \frac{\partial v}{\partial y}$$
$$\frac{\partial u}{\partial y} = \frac{-2(x-1)y}{((x-1)^2+y^2)^2} = -\frac{\partial v}{\partial x}.$$

コーシー・リーマンの関係式を満足することが示された．$x=1, y=0 (z=1)$ では微分が存在せず $f(z)$ は正則ではない．

複素微分は
$$\frac{df}{dz} = \frac{\partial u}{\partial x} + i\frac{\partial v}{\partial x}$$
$$= -\frac{1}{(z-1)^2}$$

と得られる．

(c) $f(z) = x^2+y^2$ より $u = x^2+y^2, v = 0$ となる．$z=0$ 以外の複素平面上で，$\dfrac{\partial u}{\partial x} = 2x \neq \dfrac{\partial v}{\partial y} = 0$ より，コーシー・リーマンの関係式を満足しない．$f(z) = z\bar{z}$ は正則関数ではない．

(2) $f(z)$ は正則関数なので $u(x,y), v(x,y)$ はコーシー・リーマンの関係式を満たす．
$v(x,y) = 3x^2y - y^3$ より

→ $z=1$ は特異点である．
→ 有理関数 $\dfrac{P_N(z)}{Q_M(z)}$ の微分は実関数の微分と同様の計算で導かれ，$Q_M(z)$ のゼロ点を除いて正則である．
→ $v(x,y)$ が与えられれば $u(x,y)$ の 1 階偏微分の関数形も与えられたことになる．偏微分を積分していくことにより，複素関数全体を構築することができる．

$$\frac{\partial v}{\partial x} = 6xy = -\frac{\partial u}{\partial y} \qquad (2.15)$$

$$\frac{\partial v}{\partial y} = 3x^2 - 3y^2 = \frac{\partial u}{\partial x}. \qquad (2.16)$$

式 (2.16) を x で積分すると

$$\begin{aligned} u(x,y) &= \int (3x^2 - 3y^2) dx \\ &= x^3 - 3xy^2 + F(y). \end{aligned}$$

x に依存しない定数 $F(y)$ は決まらない．次に，得られた結果を式 (2.15) に代入すると

$$6xy = 6xy - \frac{dF}{dy}$$

より，$\frac{dF}{dy} = 0$ を得る．したがって，F は定数 c となる．よって

$$\begin{aligned} f(z) &= x^3 - 3xy^2 + c + i(3x^2 y - y^3) \\ &= z^3 + c \end{aligned}$$

が得られる．正則な関数の実部と虚部は，コーシー・リーマンの関係式により関係付けられ，独立な関数ではない．

・定数 c は決まらない．

例題3の発展問題

3-1. $f(x,y) = u(x,y) + iv(x,y)$ を正則関数とする．独立変数を z と $\bar{z}$ と考えると，$\dfrac{\partial f(z,\bar{z})}{\partial \bar{z}} = 0$ が成り立つことを示せ．
（ヒント：
$x = \dfrac{z + \bar{z}}{2}, y = \dfrac{z - \bar{z}}{2i}$ より，z と $\bar{z}$ による偏微分は
$$\frac{\partial}{\partial z} = \frac{\partial x}{\partial z}\frac{\partial}{\partial x} + \frac{\partial y}{\partial z}\frac{\partial}{\partial y} = \frac{1}{2}\left(\frac{\partial}{\partial x} - i\frac{\partial}{\partial y}\right)$$
$$\frac{\partial}{\partial \bar{z}} = \frac{\partial x}{\partial \bar{z}}\frac{\partial}{\partial x} + \frac{\partial y}{\partial \bar{z}}\frac{\partial}{\partial y} = \frac{1}{2}\left(\frac{\partial}{\partial x} + i\frac{\partial}{\partial y}\right)$$
と表される．）

3-2. $f(z) = u(x,y) + iv(x,y)$ を正則関数とする．
(1) 2次元 xy 平面の単位ベクトルを $\boldsymbol{e}_x, \boldsymbol{e}_y$ とし，ベクトル場 $\boldsymbol{F}(x,y) = v(x,y)\boldsymbol{e}_x + u(x,y)\boldsymbol{e}_y$ を導入する．コーシー・リーマンの関係式は $\boldsymbol{\nabla} \cdot \boldsymbol{F} = 0, \boldsymbol{\nabla} \times \boldsymbol{F} = 0$ と同等であることを示せ．
（ヒント：ベクトル解析については本シリーズ1巻「ベクトル解析」を参照．）
(2) $f(z)$ の実部と虚部 $u(x,y), v(x,y)$ は，それぞれラプラスの方程式を満たすことを示せ．
$$\frac{\partial^2 u}{\partial^2 x} + \frac{\partial^2 u}{\partial^2 y} = 0, \qquad \frac{\partial^2 v}{\partial^2 x} + \frac{\partial^2 v}{\partial^2 y} = 0.$$

ラプラスの方程式を満たす関数は調和関数とよばれる．

3-3. 極形式のコーシー・リーマンの関係式を導け．
$$\frac{\partial u}{\partial \theta} = -r\frac{\partial v}{\partial r}, \qquad \frac{\partial v}{\partial \theta} = r\frac{\partial u}{\partial r}.$$

例題 4　複素積分

(1) 原点 $z=0$ から $z=1+i$ に至る 2 つの異なる積分路を考える．図のように C_A は $0 \to 1 \to 1+i$ の経路，C_B は $z=0$ から $z=1+i$ へ直線で結ぶ経路とする．それぞれの経路について次の積分値を求めよ．

$$\int_0^{1+i} f(z)dz. \tag{2.17}$$

ここで，(a) $f(z) = z^2$，(b) $f(z) = z\bar{z}$ とする．

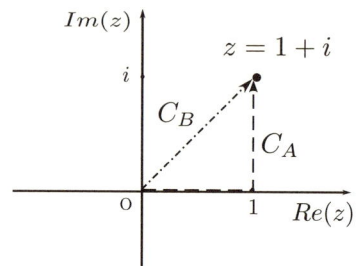

(2) 以下の関係式が成り立つことを示せ．ここで n は整数である．積分路 C は，$z=a$ を中心とする半径 R の円周を反時計回りに周回する閉曲線とする．

$$\oint_C (z-a)^n dz = 0 \quad (n \neq -1) \tag{2.18}$$

$$= 2\pi i \ (n = -1). \tag{2.19}$$

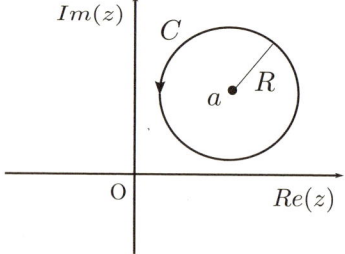

考え方

積分経路上の複素数 $z = (x, y)$ をパラメータを使って表現する．$z_a = x_a + iy_a, z_b = x_b + iy_b$ を通る直線の場合，パラメータ t を用いて $(x, y) = (x_a + (x_b - x_a)t, y_a + (y_b - y_a)t)$ と表される．

z_0 を中心とする半径 R の円周の場合，$z = Re^{i\theta} + z_0$ と表す．$\dfrac{dz}{dt}$ を忘れないように注意すれば，複素積分は実数関数の積分計算となんら変わりない．

解答

(1) 積分経路をパラメータ t を用いて表す．
  (A) C_A:実軸上 $z = 0$ から $z = 1$ までは $z(t) = t$ $(0 \leq t \leq 1)$ と表す．$(x = t,\ y = 0,\ \dfrac{dz}{dt} = 1)$
  次に，$z = 1$ から $z = 1 + i$ までは虚軸に平行に $z(t) = 1 + it$ $(0 \leq t \leq 1)$ と表す．$(x = 1,\ y = t,\ \dfrac{dz}{dt} = i)$
  (B) C_B: 原点 $z = 0$ と $z = 1 + i$ を直線で結ぶ経路は $z(t) = (1 + i)t$ $(0 \leq t \leq 1)$ と表す．$(x = t,\ y = t,\ \dfrac{dz}{dt} = 1 + i)$
  $f(z) = z^2 = x^2 - y^2 + 2xyi$ の積分はそれぞれ

$$\int_{C_A} z^2 dz = \int_0^1 t^2 dt + \int_0^1 (1 + it)^2 i dt$$
$$= \frac{2}{3}(-1 + i)$$
$$\int_{C_B} z^2 dz = \int_0^1 [(1+i)t]^2 (1+i) dt$$
$$= \frac{2}{3}(-1 + i)$$

と得られる．正則関数 z^2 の積分値は積分路によらず同じ値になる．

一方，$f(z) = z\bar{z} = x^2 + y^2$ の積分はそれぞれ

ワンポイント解説

$$\int_{C_A} z\bar{z}dz = \int_0^1 t^2 dt + \int_0^1 (1+t^2)i dt$$
$$= \frac{1}{3}(1+4i)$$
$$\int_{C_B} z\bar{z}dz = \int_0^1 [t^2 + t^2](1+i)dt$$
$$= \frac{2}{3}(1+i)$$

となる．$z\bar{z}$ の積分値は積分路により異なる．

(2) 積分路をパラメータ θ を用いて $z = a + Re^{i\theta}$ と表す．$\dfrac{dz}{d\theta} = iRe^{i\theta}$ に注意すると

$$\oint_C (z-a)^n dz = \int_0^{2\pi} R^{n+1} e^{i\theta(n+1)} i d\theta.$$

ここで，$n \neq -1$ の場合，積分を実行すると

$$\oint_C (z-a)^n dz = R^{n+1} \frac{[e^{i\theta(n+1)}]_0^{2\pi}}{n+1} = 0.$$

一方，$n = -1$ の場合は，

$$\oint_C \frac{1}{z-a} dz = i \int_0^{2\pi} d\theta = 2\pi i$$

となる．まとめると

$$\oint_C (z-a)^n dz = 2\pi i \delta_{n,-1}.$$

$n \geq 0$ の場合，正則関数の積分なので，予想どおり積分値はゼロになる．負のべきのとき，$n = -1$ では積分路の半径によらず積分値は $2\pi i$ となり，$n = -1$ 以外ではゼロとなる．

> この積分は，コーシーの積分公式や留数定理の基礎となり，重要である．

例題4の発展問題

4-1. $\oint_C (3z+1)dz$, $\oint_C e^z dz$ を求めよ.

積分路 C は, $z = 0 \to 1 \to 1+i \to i \to 0$ と, 正方形の4辺を反時計回りに周回する閉曲線とする.

4-2. 閉曲線 C で囲まれた領域を D とし, D 内と C 上で複素関数 $f(z)$ は1階偏微分可能, 導関数は連続であるとする. 積分路 C は D を反時計回りに周回する.

$$\oint_C f(z)dz = 2i \iint_D \frac{\partial f}{\partial \bar{z}} dxdy$$

を示せ.
(ヒント：グリーンの公式（付録）を利用する.)

$f(z)$ が正則関数のとき, $\dfrac{\partial f}{\partial \bar{z}} = 0$ よりコーシーの積分定理が導かれる. また $\dfrac{1}{2i} \oint_C \bar{z} dz$ は C で囲まれる領域 D の面積を与える.

例題 5　コーシーの積分定理

(1) $z = a$ を反時計回りに周回する閉曲線 C を積分路とする．以下の積分を求めよ．

$$I = \oint_C \frac{1}{z-a} dz. \tag{2.20}$$

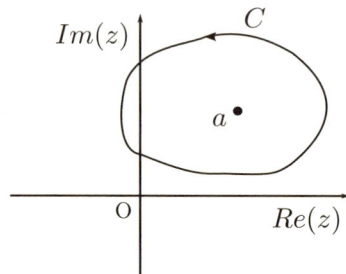

(2) 図のような，z_1 から z_2 に至る 2 つの積分路 C_1, C_2 による積分値の差を求めよ

$$\Delta I = \int_{C_1} \frac{1}{z-a} dz - \int_{C_2} \frac{1}{z-a} dz. \tag{2.21}$$

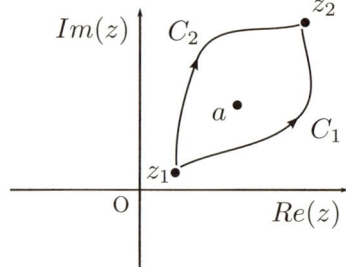

考え方

コーシーの積分定理を用いると，関数が正則な領域内では積分路を変更することができる．このため，例題のように解析的にうまく表現できない C のような積分路も，$z = a$ を中心とする円周の積分路に変形して求めることができる．

解答

(1) 閉曲線 C 内部に，$z = a$ を中心とした半径 R の円周上を，時計回りに周回する閉曲線 C_B を考える．C と C_B を積分路 C_A, C_C で連結する．これら C, C_A, C_B, C_C を連結すると閉曲線ができる．

この閉曲線で囲まれた領域内で，$\dfrac{1}{z-a}$ は正則である．したがって，コーシーの積分定理より，

$$\left(\int_C + \int_{C_A} + \int_{C_B} + \int_{C_C}\right)\frac{1}{z-a}dz = 0$$

が成り立つ．ところで $\left(\int_{C_A} + \int_{C_C}\right)\dfrac{1}{z-a}dz = 0$ であり，$\left(\int_C + \int_{C_B}\right)\dfrac{1}{z-a}dz = 0$ が成り立つ．これから

$$I = \oint_C \frac{1}{z-a}dz$$
$$= \oint_{-C_B} \frac{1}{z-a}dz = 2\pi i$$

が得られた．ここで，最後の等式には例題 4 の結果を用いた．

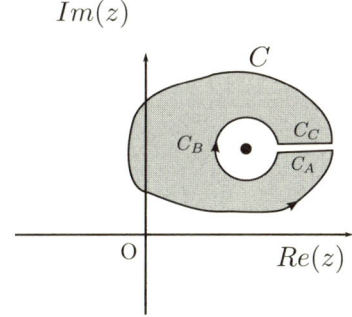

(2) C_2 の向きを変えた積分路 $-C_2$ と C_1 を連結した積分路は $z = a$ を周回する積分路となる．したがって (1) から

ワンポイント解説

・例題 4 の複素積分の値は，$z=a$ を周回する閉曲線であれば，円周上の積分路でなくとも成立することがわかった．コーシーの積分定理がこれを保証している．

$$\left(\int_{C_1} + \int_{-C_2}\right) \frac{1}{z-a} dz = 2\pi i$$

が得られる．これから z_1 から z_2 に至る積分路 C_1 と C_2 による積分値の差は，

$$\Delta I = \int_{C_1} \frac{1}{z-a} dz - \int_{C_2} \frac{1}{z-a} dz = 2\pi i$$

となる．

・正則でない点 $z = a$ を横切って，積分路 C_1 を C_2 へ変更すると，$z = a$ を横切った途端に積分値が変化する．

例題5の発展問題

5-1. 図に示す C_1, C_2, C_3 を積分路 C に選び，それぞれの場合，I を求めよ．

$$I = \int_C \left[\frac{a_1}{z-z_1} + \frac{a_2}{z-z_2} + \frac{a_3}{(z-z_3)^2}\right] dz.$$

a_i, z_i は複素数の定数である．

（ヒント：C_3 では積分路の変形を用いる．）

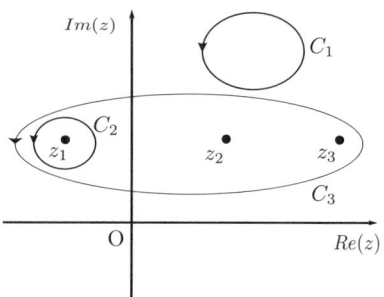

5-2. フレネル (Fresnel) の積分を求めよ．

$$\int_0^\infty \cos(x^2) dx, \quad \int_0^\infty \sin(x^2) dx.$$

（ヒント：図のように，原点を中心とした半径 R，角度 $\frac{\pi}{4}$ の扇型積分路 C を用いよ．）

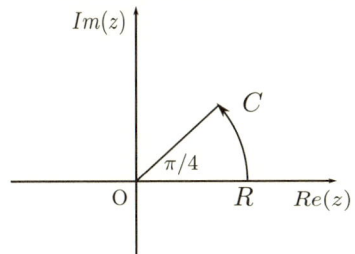

5-3. $P_n(z)$ を n 次の多項式とする.閉曲線 C 内における $P_n(z)$ のゼロ点を $a_1, a_2, \ldots a_m$ とする.$P_n(z)$ は $P_n(z) = (z-a_1)^{n_1}(z-a_2)^{n_2}\cdots(z-a_m)^{n_m}Q(z)$ と表される.n_i は自然数.$Q(z)$ は C 内にゼロ点をもたない.このとき

$$\frac{1}{2\pi i}\oint_C \frac{P_n'(z)}{P_n(z)}dz$$

を求めよ.ここで C の積分は反時計回りとする.(この結果を利用して,n 次多項式は重複を含めて複素平面に n 個のゼロ点をもつことが示される.)

重要度
★★★★★

3 コーシーの積分公式と応用

―《 内容のまとめ 》―

コーシーの積分公式 [例題 6]:

$f(z)$ が閉曲線 C 上と C で囲まれた単連結な領域 D で正則であれば，D 内の点 a に対して

$$f(a) = \frac{1}{2\pi i} \oint_C \frac{f(z)}{z-a} dz \tag{3.1}$$

が成り立つ（コーシーの積分公式）．a における関数値は，a を周回する閉曲線 C 上の関数値 $f(z)$ を用いた周回積分で与えられる．さらに，$f(z)$ の n 階微分 $f^{(n)}(z)$ は周回積分で与えられ，正則な関数は何回でも微分可能である．

$$f^{(n)}(a) = \frac{n!}{2\pi i} \oint_C \frac{f(z)}{(z-a)^{n+1}} dz. \tag{3.2}$$

これをグルサ（Goursat）の公式という．

正則点を中心とする級数展開，テイラー（Taylor）展開 [例題 7]:

　関数を正則な領域内でべき級数に展開する．中心 a，半径 R の円内部で $f(z)$ が正則であるとき，点 a を中心に級数展開（テイラー展開）される．

$$f(z) = \sum_{n=0}^{\infty} f_n (z-a)^n. \tag{3.3}$$

係数 f_n は，周回積分で与えられ，式（3.2）より n 階微分で表される．

$$f_n = \frac{1}{2\pi i} \oint_c \frac{f(z)}{(z-a)^{n+1}} dz = \frac{1}{n!} f^{(n)}(a). \tag{3.4}$$

コーシーの積分定理より，積分経路は正則な領域 D 内で変形してもよい．半径 R の最大値は $z=a$ に最も近い D の境界，すなわち最も近い特異点までの距離となる．これが級数の収束半径となる．

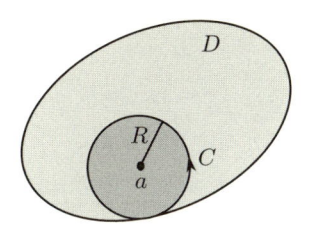

孤立特異点を中心とする級数展開，ローラン (Laurent) 展開 [例題 7]:

関数が領域のいくつかの点を除いて正則な場合を考える．点 a が関数 $f(z)$ の特異点であり，十分小さい r に対して，$f(z)$ が $0 < |z-a| < r$ において正則であるとき，a を**孤立特異点**という．たとえば，有理関数 $\dfrac{P_N(z)}{Q_M(z)}$ の分母 $Q_M(z)$ のゼロ点は孤立特異点である．孤立特異点で関数を負のべきを含む級数に展開する．

$f(z)$ は点 a を中心とする半径 R_1 と $R_2 (R_1 < R_2)$ の円の間，環状領域 D で正則であるとする．D 内の点 z に対して $f(z)$ は a を中心とする級数に展開される（ローラン展開）．

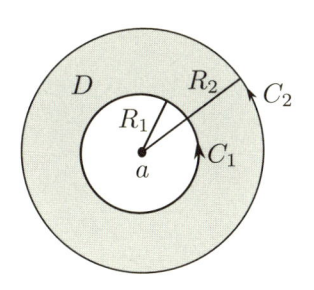

$$f(z) = \sum_{n=-\infty}^{\infty} f_n (z-a)^n. \tag{3.5}$$

係数 f_n は，周回積分で与えられる．

$$f_n = \frac{1}{2\pi i} \oint_C \frac{f(z)}{(z-a)^{n+1}} dz. \tag{3.6}$$

ここで経路 C は D 内にあり，点 a を反時計回りに周回する閉曲線である．$f(z)$ が C_1 内でも正則な場合は，ローラン展開はテイラー展開に一致する．

ローラン展開の負べきの部分を**主要部**とよぶ．

主要部が有限項：最高次が $(z-a)^{-k}$ のとき $z = a$ は $f(z)$ の k 位の**極**という．

$$\frac{f_{-1}}{z-a} + \frac{f_{-2}}{(z-a)^2} + \cdots + \frac{f_{-k}}{(z-a)^k}. \tag{3.7}$$

主要部が無限項：点 $z = a$ を**真性特異点**とよぶ．

孤立特異点 $z = a$ におけるローラン展開の係数 f_{-1} を**留数**とよび，$Res f(a)$ と表す．

留数定理 [例題 8]:

$f(z)$ は，単純閉曲線 C の内部において，孤立特異点 $a_1, \ldots, a_N$ を除いて正則であるとする．このとき反時計回りの周回積分 C は留数の和となる．

$$\frac{1}{2\pi i} \oint_C f(z) dz = \sum_{i=1}^{N} Res f(a_i). \tag{3.8}$$

これを**留数定理**という．証明には，第 2 章で学んだ積分路の変形を用いる．積分路 C の積分は，図のように，各々の孤立特異点 a_i を反時計回りに周回する積分路 C_i の和に等しいことから

$$\oint_C f(z) dz = \sum_i^N \oint_{C_i} f(z) dz = 2\pi i \sum_{i=1}^{N} Res f(a_i) \tag{3.9}$$

が示される．

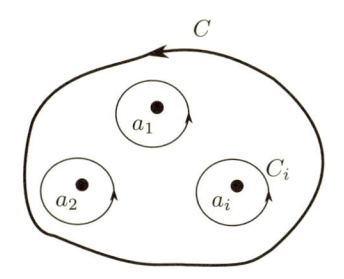

実数関数の積分への応用 [例題 9]:

実数関数の定積分は，留数定理を用いて比較的容易に求めることができる．その際，複素関数に拡張した被積分関数の特異点，無限遠での振舞いに注意した積分路の選び方がポイントとなる．

(a) $\int_0^{2\pi} f(\cos\theta, \sin\theta)d\theta$

$z = e^{i\theta}$ とおき，単位円 C の周回積分で表す．

$$\int_0^{2\pi} f(\cos\theta, \sin\theta)d\theta = \oint_C f(\frac{z+\frac{1}{z}}{2}, \frac{z-\frac{1}{z}}{2i})\frac{dz}{iz}. \qquad (3.10)$$

(b) $\int_{-\infty}^{\infty} \frac{P_N(x)}{Q_M(x)}dx$

$P_N(x), Q_M(x)$ は x のそれぞれ N, M 次の多項式．ここで $M \geq N+2$ であり，$Q_M(x)$ は実軸上にゼロ点をもたないとする．$M \geq N+2$ のとき上半円の積分は $R \to \infty$ でゼロとなる．図の積分路を用いた周回積分で表す．

$$\int_{-\infty}^{\infty} \frac{P_N(x)}{Q_M(x)}dx = \oint_C \frac{P_N(z)}{Q_M(z)}dz. \qquad (3.11)$$

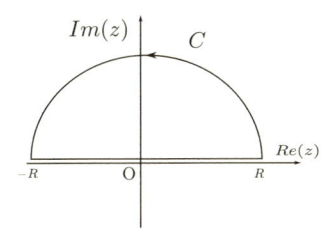

(c) $\displaystyle\int_{-\infty}^{\infty}\frac{e^{iax}P_N(x)}{Q_M(x)}dx$

この種の積分は第 6 章フーリエ変換に現れる．ここで $M \geq N+1$ とし，$Q_M(x)$ は実軸上にゼロ点をもたないとする．$a > 0$ の場合，(b) と同じ積分路を用いる．

$$\int_{-\infty}^{\infty}\frac{e^{iax}P_N(x)}{Q_M(x)}dx = \oint_C \frac{e^{iaz}P_N(z)}{Q_M(z)}dz. \tag{3.12}$$

$a < 0$ の場合は，円弧の積分が収束するように，下半面を周回する積分路に変更する．

例題 6　コーシーの積分公式

コーシーの積分公式を利用して以下を示せ．

(1) $\displaystyle\int_0^{2\pi} e^{R\cos\theta}\cos(R\sin\theta)d\theta = 2\pi$.

(2) 最大値の原理：関数 $f(z)$ は閉曲線 C と C で囲まれた領域で正則であり，定数ではないとする．このとき $|f(z)|$ は C 内部で最大値をとらない．

考え方

コーシーの積分公式からは最大値の原理，代数学の基本定理（n 次多項式は重複度を含めて n 個のゼロ点をもつ），リウビルの定理（有界な正則関数は定数である）などが導かれる．

(1) では円周の積分路を用いてコーシーの積分定理を計算する．

(2) C 内部で最大値をとると仮定すると矛盾することを示す．

解答

(1) $z = a$ を中心とし半径 R の円を反時計回りに周回する積分路を C とする．$f(z)$ は C および C 内部で正則とする．以下の積分を求める．

$$f(a) = \frac{1}{2\pi i}\oint_C \frac{f(z)}{z-a}dz.$$

$z = a + Re^{i\theta}$ とすると

$$\begin{aligned}f(a) &= \frac{1}{2\pi i}\int_0^{2\pi}\frac{f(a+Re^{i\theta})}{a+Re^{i\theta}-a}iRe^{i\theta}d\theta \\ &= \frac{1}{2\pi}\int_0^{2\pi}f(a+Re^{i\theta})d\theta \quad (3.13)\end{aligned}$$

と表される．

$a = 0, f(z) = e^z$ とする．

ワンポイント解説

$$\frac{1}{2\pi}\int_0^{2\pi} e^{Re^{i\theta}}d\theta = \frac{1}{2\pi}\int_0^{2\pi} e^{R(\cos\theta + i\sin\theta)}d\theta$$
$$= \frac{1}{2\pi}\int_0^{2\pi} e^{R\cos\theta}(\cos(R\sin\theta) + i\sin(R\sin\theta))d\theta$$

この積分は $f(0) = e^0 = 1$ となる．実部を比較して
$$\int_0^{2\pi} e^{R\cos\theta}\cos(R\sin\theta)d\theta = 2\pi$$
が示された．

・虚部から
$\int_0^{2\pi} e^{R\cos\theta}$
$\times \sin(R\sin\theta)d\theta = 0$
が得られる．

(2) $|f(z)|$ が C 内の点 b で最大値をとるとする．式 (3.13) より，C 内の b を中心とする半径 r の積分路を用いると
$$|f(b)| = \frac{1}{2\pi}|\int_0^{2\pi} f(b + re^{i\theta})d\theta|$$
$$\leq \frac{1}{2\pi}\int_0^{2\pi} |f(b + re^{i\theta})|d\theta < |f(b)|.$$

ここで，$|f(b)|$ は C 内の最大値であることを用いた．上式では $|f(b)| < |f(b)|$ となる．これは矛盾である．

一例として，領域 ($-0.5 < Re(z), Im(z) < 0.5$) において，正則関数 $|\frac{1}{1+z^2}|$ と正則でない関数 $|\frac{1}{1+z\bar{z}}|$ の絶対値を図示する．領域内部で正則関数の絶対値は境界の値より小さい．一方正則でない関数は $z = 0$ で最大値になっている．

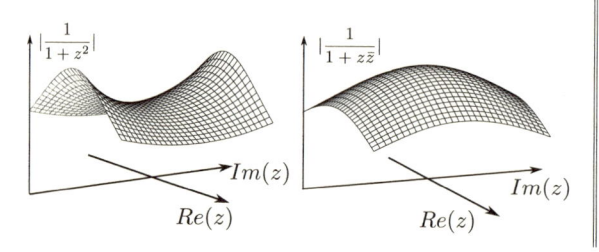

例題 6 の発展問題

6-1. $f(z)$ は閉曲線 C および C で囲まれた領域 D で正則関数である．a を D 内の点とし，以下の関係式を示せ．

$$f'(a) = \frac{1}{2\pi i} \oint_C \frac{f(z)}{(z-a)^2} dz,$$

$$\oint_C \frac{f'(z)}{z-a} dz = \oint_C \frac{f(z)}{(z-a)^2} dz.$$

第 1 式の操作を繰り返すと

$$f^{(n)}(a) = \frac{n!}{2\pi i} \oint_C \frac{f(z)}{(z-a)^{n+1}} dz$$

が示される．

6-2. 積分路を $|z|=2$ の円周上とし，$n > 0$ 整数とする．

$$\oint_C \frac{\sin z}{z^{n+1}} dz$$

を求めよ．

6-3. $f(z)$ は上半面と実軸上で正則であり，$\lim_{|z|\to\infty} |f(z)| = 0$ である．$f(z)$ の実部を $u(x,y)$ として，半平面のポアソンの積分公式

$$u(x,y) = \frac{y}{\pi} \int_{-\infty}^{\infty} \frac{u(x',0)}{(x'-x)^2 + y^2} dx' \qquad y > 0$$

を示せ．この式は，実軸上の $u(x,0)$ が与えられれば，上半面全体における $u(x,y)$ がわかることを示している．

（ヒント：$a = x+iy \, (y>0)$ とする．a と実軸に対する a の鏡像点 $\bar{a} = x - iy$ に対するコーシーの積分公式を用いる．）

例題 7　テイラー，ローラン展開

$f(z) = \dfrac{1}{(1-z)(2-z)}$ に対する，2 通りの級数展開を求めよ．

(1) $z = 0$ を中心とするテイラー展開．
(2) $z = 1$ を中心とするローラン展開．

考え方

級数展開の係数は式 (3.4), (3.6) のように与えられ，原理的には複素積分を実行して得られる．しかし，たとえば $\dfrac{1}{1-z}$ の場合は，$\dfrac{1}{1-z} = 1 + z + z^2 + \cdots (|z| < 1)$ の展開を使うと簡単に展開係数が求められる．

‖解答‖

(1) [解 1] 原点を中心としたテイラー展開（マクローリン展開という）の係数 $f_n (n = 0, 1, 2, \ldots)$ は

$$f_n = \frac{1}{2\pi i} \oint_C \frac{1}{z^{n+1}} \frac{1}{(1-z)(2-z)} dz$$

で与えられる．$f(z)$ の分母のゼロ点 $z = 1$ と $z = 2$ が孤立特異点である．したがって，テイラー展開の収束半径は 1 となる．

積分経路 C 内で $f(z)$ が正則であるように，C を原点を中心とした半径 $R (|R| < 1)$ の円とする．f_n の被積分関数を変形して

$$f_n = \frac{1}{2\pi i} \oint_C \frac{1}{z^{n+1}} \left[\frac{1}{1-z} - \frac{1}{2-z} \right] dz$$

と書き直す．この複素積分を評価するために，

$$I_n = \frac{1}{2\pi i} \oint_C \frac{1}{z^{n+1}(a-z)} dz$$

を考える．$|a| \geq 1$ とする．

ワンポイント解説

・原点から最も近い特異点までの距離は 1 である．

$n=0$ のとき
$$I_0 = \frac{1}{2\pi i} \oint_C \frac{1}{z(a-z)} dz$$
$$= \frac{1}{2a\pi i} \oint_C [\frac{1}{z} + \frac{1}{a-z}] dz$$
$$= \frac{1}{a}.$$

・特異点 $z=a$ は，積分経路の外側にある．

$n \geq 1$ のとき
$$I_n = \frac{1}{2\pi i} \oint_C \frac{1}{z^n} \frac{1}{z(a-z)} dz$$
$$= \frac{1}{2a\pi i} \oint_C [\frac{1}{z^{n+1}} + \frac{1}{z^n(a-z)}] dz = \frac{1}{a} I_{n-1}$$

・$m \geq 2$ のとき
$$\oint_C \frac{1}{z^m} dz = 0$$

と漸化式が得られ，$I_n = a^{-(n+1)}$ となる．

これを使うとテイラー展開の係数は
$$f_n = 1 - \frac{1}{2^{n+1}}$$
と与えられる．また収束半径 ρ は $\lim_{n \to \infty} \frac{|f_n|}{|f_{n+1}|} = 1$ より，確かに $\rho = 1$．

[解2] $\frac{1}{1-x} = 1 + x + x^2 + \cdots$ を使って簡単に f_n を求める．
$$f(z) = \frac{1}{(1-z)(2-z)} = \frac{1}{1-z} - \frac{1}{2} \frac{1}{1-\frac{z}{2}}$$
$$= \sum_{n=0}^{\infty} z^n - \sum_{n=0}^{\infty} \frac{z^n}{2^{n+1}}$$
となり，$f_n = 1 - \frac{1}{2^{n+1}}$，すなわち，
$$f(z) = \frac{1}{2} + (1-\frac{1}{2^2})z + (1-\frac{1}{2^3})z^2 + \cdots$$
と，[解1]と同じ答えが得られる．

(2) [解1] $z=1$ を中心にローラン展開を行う．ローラン展開の係数は

$$f_n = \frac{1}{2\pi i} \oint_C \frac{1}{(z-1)^{n+1}} \frac{1}{(1-z)(2-z)} dz$$
$$= -\frac{1}{2\pi i} \oint_C \frac{1}{(z-1)^{n+2}} \frac{1}{2-z} dz$$

で与えられる．ここで，$z=2$ に特異点があるので，C は $z=1$ を中心とする半径 $R<1$ の円とする．また，n は $-\infty$ から ∞ であり，負の整数もとりうる．この積分は変数 $z'=z-1$ を用いると，原点を中心とした半径 R の円周 C' の積分となり

$$f_n = -\frac{1}{2\pi i} \oint_{C'} \frac{1}{z'^{n+2}} \frac{1}{1-z'} dz'$$
$$= -1 \quad n = -1, 0, 1, \ldots$$

が得られる．

・$n \leq -2$ では被積分関数は正則となり $f_n = 0$

[解2] 簡単な方法では

$$f(z) = \frac{1}{(1-z)(2-z)} = \frac{1}{1-z} - \frac{1}{2-z}$$
$$= \frac{1}{1-z} - \frac{1}{1+(1-z)}$$
$$= \frac{1}{1-z} - (1-(1-z)+(1-z)^2 - \cdots$$
$$= -[\frac{1}{z-1} + 1 + (z-1) + (z-1)^2 \cdots]$$

・$z=1$ は1位の極となる．

となり，[解1] と一致する．

例題7の発展問題

7-1. 次の関数の特異点を調べよ．また特異点があれば，その位数および留数を求めよ．

(a) $\dfrac{1}{z^2+a^2}$　　(b) $\tanh z$　　(c) $\left(\dfrac{3}{z^2}-\dfrac{1}{z}\right)\sin z - \dfrac{3}{z^2}\cos z$

7-2. 以下の関係式を示せ．

$$\sum_{n=1}^{\infty} a^n \cos n\theta = \frac{a\cos\theta - a^2}{1-2a\cos\theta + a^2},$$

$$\sum_{n=1}^{\infty} a^n \sin n\theta = \frac{a\sin\theta}{1-2a\cos\theta + a^2}.$$

a は $|a|<1$ の定数．
（ヒント：領域 $|a|<|z|<\infty$ で $\dfrac{a}{z-a}$ の原点を中心とするローラン展開を考える．）

7-3. $f(z), g(z)$ は $z=a$ で正則であり，$f(a)=g(a)=0$, $g'(a)\neq 0$ のとき，ロピタルの公式

$$\lim_{z\to a}\frac{f(z)}{g(z)} = \frac{f'(a)}{g'(a)}$$

が成り立つことを示せ．

例題 8 留数，留数定理

(1) $f(z) = \pi \cot \pi z$ のすべての特異点，極の位数，留数を求めよ．

(2) $\pi \cot(\pi z) = \dfrac{1}{z} + \displaystyle\sum_{n=1}^{\infty} \dfrac{2z}{z^2 - n^2}$ を示せ．

(3) $\sin \pi z = \pi z \displaystyle\prod_{n=1}^{\infty} \left(1 - \dfrac{z^2}{n^2}\right)$ が成り立つことを示せ．

考え方

留数定理の計算方法：$f(z)$ の留数はローラン展開から得られるが，次の方法が便利な場合もある．$f(z)$ が $z = a$ において m 位の極をもつとき，

$$(z-a)^m f(z) = f_{-m} + (z-a)f_{-m+1} + \cdots$$
$$+ (z-a)^{m-1} f_{-1} + (z-a)^m f_0 + \cdots$$

となるので，留数は

$$f_{-1} = \frac{1}{(m-1)!} \frac{d^{m-1}}{dz^{m-1}}[(z-a)^m f(z)]|_{z=a}$$

により与えられる．

(1) は $\sin \pi z = 0$ となる点が特異点となる．(2) は $\pi \cot(\pi z)$ の複素積分と留数定理により示される．(3) は対数微分 $\dfrac{1}{\sin(\pi z)} \dfrac{d}{dz} \sin(\pi z) = \pi \cot(\pi z)$ を用いる．

解答

(1)
$$f(z) = \pi \frac{\cos \pi z}{\sin \pi z}$$

より，$\cos \pi z$ は $|z| < \infty$ で正則．$\sin \pi z = 0$ となる $z = 0, \pm 1, \pm 2, \ldots$ が $f(z)$ の特異点となる．

$z = 0$ で $\sin(\pi z), \cos(\pi z)$ をテイラー展開すると

ワンポイント解説

$$\sin(\pi z) = \pi z - \frac{(\pi z)^3}{3!} + \frac{(\pi z)^5}{5!} - \cdots$$
$$\cos(\pi z) = 1 - \frac{(\pi z)^2}{2!} + \frac{(\pi z)^4}{4!} - \cdots$$

より

$$\pi \cot \pi z = \frac{1}{z} \frac{1 - \frac{(\pi z)^2}{2!} + \frac{(\pi z)^4}{4!} - \cdots}{1 - \frac{(\pi z)^2}{3!} + \frac{(\pi z)^4}{5!} - \cdots}$$
$$= \frac{1}{z} - \frac{\pi^2}{3} z \cdots$$

となるので，$z = 0$ は 1 位の極で留数は 1 である．

$\cot(\pi(z+1)) = \cot(\pi z)$ と周期関数なので，$f(z)$ は $z = n$（n は整数）において 1 位の極をもち，留数は 1 である．

(2) $R = N + \frac{1}{2}$ として，以下の正方形の積分路 C をとる．N は正の整数で，z は C 内にあるように N を選ぶ．

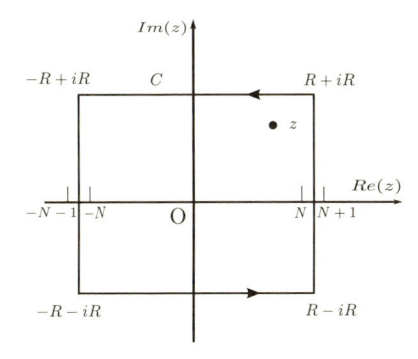

・$\pi \cot(\pi z)$ をすべての極と留数を用いた，部分分数分解で表現する．

留数定理を用いると，

$$\frac{1}{2\pi i} \oint_C \pi \frac{\cot(\pi \zeta)}{\zeta - z} d\zeta$$
$$= \pi \cot(\pi z) - \frac{1}{z} - \sum_{n=1}^{N} \left(\frac{1}{z-n} + \frac{1}{z+n} \right)$$

が成り立つ．ここで (1) で求めた C 内の特異点 $\zeta = z, 0, \pm 1, \ldots, \pm N$ における留数を用いた．つぎに $R \to \infty$ において，この積分がゼロになることを示す． $\dfrac{\cot(\pi z)}{z}$ は偶関数なので，$\oint_C \dfrac{\cot(\pi z)}{z} dz$ はゼロ．
したがって，

$$\oint_c \pi \frac{\cot(\pi \zeta)}{\zeta - z} d\zeta = \oint_c \pi \cot(\pi \zeta) [\frac{1}{\zeta - z} - \frac{1}{\zeta}] d\zeta$$
$$= z \oint_c \frac{\pi \cot(\pi \zeta)}{(\zeta - z)\zeta} d\zeta$$

・この引き算により，$R \to \infty$ における積分路の寄与がゼロになる．

が成り立つ．

ここでこの積分を評価する．虚軸に平行な積分路では $\zeta = \pm R + iy$ より

$$|\cot(\pi \zeta)| = |-i \tanh \pi y| < 1.$$

実軸に平行な積分路では $\zeta = x \pm iR$ より

$$|\cot(\pi \zeta)| = |\frac{e^{\pi(ix \mp R)} + e^{-\pi(ix \mp R)}}{e^{\pi(ix \mp R)} - e^{-\pi(ix \mp R)}}| \le |\coth \pi R|.$$

$R \to \infty$ で $|\coth \pi R| \to 1$ より，十分大きい R をとるとたとえば $|\cot(\pi \zeta)| < 2$ ととれる．
これから $R \to \infty$ において

$$|z \oint_c \pi \frac{\cot(\pi \zeta)}{\zeta(\zeta - z)} d\zeta| < \frac{16\pi |z|}{R - |z|} \to 0.$$

したがって

$$\pi \cot(\pi z) = \frac{1}{z} + \sum_{n=1}^{\infty} [\frac{1}{z - n} + \frac{1}{z + n}]$$
$$= \frac{1}{z} + \sum_{n=1}^{\infty} \frac{2z}{z^2 - n^2}$$

$\pi \cot(\pi z)$ の部分分数分解が示された．

(3)
$$f(z) = \pi z \prod_{n=1}^{\infty}(1 - \frac{z^2}{n^2})$$

の対数微分 $\dfrac{d(\log f)}{dz}$ を求めると

$$\frac{d(\log f)}{dz} = \frac{1}{z} + \sum_{n=1}^{\infty}\frac{2z}{z^2 - n^2}.$$

右辺は (2) より $\pi\cot(\pi z)$ となる．一方，

$$\pi\cot(\pi z) = \frac{1}{\sin(\pi z)}\frac{d}{dz}\sin(\pi z)$$

と表される．したがって次式が成り立つ．

$$\frac{d(\log(\sin(\pi z)))}{dz} = \frac{d(\log(\pi z \prod_{n=1}^{\infty}(1 - \frac{z^2}{n^2})))}{dz}$$

よって積分定数を a とすると，

$$\sin(\pi z) = a\pi z \prod_{n=1}^{\infty}(1 - \frac{z^2}{n^2}).$$

定数 a は $z \to 0$ で $\dfrac{\sin(\pi z)}{z} \to \pi$ から $a = 1$ となり，関係式が示された．ここでは，無限積の収束性を検討せずに計算した．無限積，無限和については，巻末にあげた参考書でさらに調べてほしい．

・たとえば，
$$\frac{(f_1(z)f_2(z)f_3(z)f_4(z))'}{f_1(z)f_2(z)f_3(z)f_4(z)}$$
$$= \frac{f_1' f_2 f_3 f_4}{f_1 f_2 f_3 f_4} + \ldots$$
$$= \sum_{i=1}^{4}\frac{f_i'}{f_i}$$

$\sin(\pi z)$ は $z = n$ において $\sin(\pi z) = 0$. 得られた式は $\sin(\pi z)$ を因数分解した無限積表示．

例題 8 の発展問題

8-1. 次の積分を複素積分を利用して求めよ.
$$I = \int_0^{2\pi} \frac{1}{1 - 2p\cos\theta + p^2} d\theta \quad |p| \neq 1 \text{ の定数}.$$

8-2. 次の積分を求めよ.
$$I = \int_{-\infty}^{\infty} \frac{1}{1 + x^4} dx.$$

8-3. (1) $a < b < c$ の実数に対して
$$\lim_{\epsilon \to +0} \int_a^b \frac{f(x)}{x - b \pm i\epsilon} = P \int_a^c \frac{f(x)}{x - b} \mp i\pi f(b)$$

を示せ. ここで $f(x)$ は実軸上で特異点をもたないとする. また, 主値積分は
$$P \int_a^b \frac{f(x)}{x - b} dx = \lim_{\delta \to +0} [\int_a^{b-\delta} + \int_{b+\delta}^c] \frac{f(x)}{x - b} dx.$$

(2) $f(z)$ は上半面と実軸上で正則, $|z| \to \infty$ において $|f(z)| \to 0$ とする. $f(z) = u(x, y) + iv(x, y)$ とするとき
$$u(x, 0) = \frac{1}{\pi} P \int_{-\infty}^{\infty} \frac{v(x', 0)}{x' - x} dx'$$

が成り立つことを示せ. (これは分散関係とよばれる.)

例題 9　留数定理の定積分への応用

複素積分を利用して，次の積分を求めよ．
$$I = \int_0^\infty \frac{\cos px}{a^2 + x^2} dx.$$
ここで $a > 0$, p は実数とする．

考え方

第 6 章のフーリエ変換に現れる積分
$$\int_{-\infty}^\infty e^{iax} f(x) dx$$
は留数定理を利用して複素積分を用いると，容易に求められる．e^{iax} が収束するように半円の積分路を選ぶことが，鍵となる．

解答

$\dfrac{e^{ipz}}{a^2 + z^2}$ の積分を行う．

$p > 0$ のとき

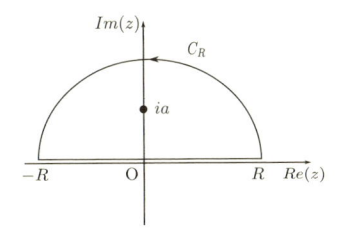

図の積分路を考える．積分路 C は実軸上と C_R の和となる．

$$\begin{aligned}
I_C &= \oint_C \frac{e^{ipz}}{a^2 + z^2} dz \\
&= \int_{-R}^R \frac{e^{ipx}}{a^2 + x^2} dx + \int_{C_R} \frac{e^{ipz}}{a^2 + z^2} dz.
\end{aligned}$$

$\dfrac{1}{a^2 + z^2}$ は $z \to \infty$ において $\dfrac{1}{|z^2|}$ と振る舞うから，ジ

ワンポイント解説

ョルダンの定理を用いると半円の積分値はゼロとなることがわかる．

$$\lim_{R\to\infty} I_C = \int_{-\infty}^{\infty} \frac{e^{ipx}}{a^2+x^2} dx$$
$$= \int_{-\infty}^{\infty} \frac{\cos(px) + i\sin(px)}{a^2+x^2} dx$$
$$= 2I.$$

・$\sin(px)$ は奇関数．

また，$\dfrac{e^{ipz}}{a^2+z^2}$ は上半面 $z=ia$ に1位の極があり，その留数は $\dfrac{e^{-ap}}{2ia}$ である．よって留数定理を用いると

$$I = \frac{I_C}{2} = \frac{\pi}{2a} e^{-ap}.$$

$p<0$ のとき

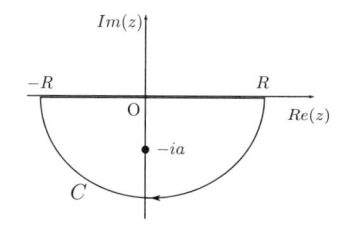

下半面を周回する積分路を選び，同様の計算を行う．その結果

$$I = \frac{\pi}{2a} e^{ap}$$

となる．まとめると

$$I = \frac{\pi}{2a} e^{-a|p|}.$$

例題 9 の発展問題

9-1. 以下の式が成り立つことを，複素積分を利用して示せ．

$$\int_0^\infty \frac{\sin x \cos(kx)}{x}dx = \begin{cases} 0 & |k| > 1 \\ \frac{\pi}{4} & |k| = 1 \\ \frac{\pi}{2} & |k| < 1. \end{cases}$$

$k = 0$ とすると，$\int_0^\infty \frac{\sin x}{x} = \frac{\pi}{2}$．

9-2. $\int_{-\infty}^\infty \frac{e^{ax}}{1+e^x}dx \quad (0 < a < 1)$ を求めよ．

(ヒント：複素積分を利用し，次の積分経路を用いよ．)

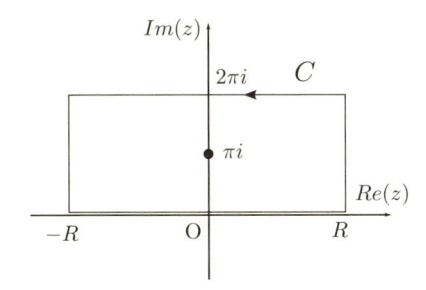

9-3. 階段関数 $\theta(x)$

$$\theta(x) = \begin{cases} 1 & x > 0 \\ 0 & x < 0 \end{cases}$$

は次の積分で与えられることを示せ．

$$\theta(x) = \lim_{\epsilon \to +0} \frac{1}{2\pi i} \int_{-\infty}^\infty \frac{e^{ixs}}{s - i\epsilon}ds. \tag{3.14}$$

4 多価関数とリーマン面

重要度 ★★★★

——《 内容のまとめ 》——

ここまで，1価関数の微分，積分，特異点について調べてきた．複素平面上の1点zに対して複数の関数値が対応する多価関数の性質について，もう少し調べる．

分枝，分岐点 [例題10]：

比較的わかりやすい，多価関数$w = z^{\frac{1}{2}}$を例として考える．$w = z^{\frac{1}{2}}$は，$z = re^{i\theta}$に対して$w_1 = r^{\frac{1}{2}}e^{\frac{i\theta}{2}}$, $w_2 = -r^{\frac{1}{2}}e^{\frac{i\theta}{2}}$の2つの値が対応する多価関数である．$w_1, w_2$を$w = z^{\frac{1}{2}}$の分枝という．$z$が複素$z$平面上を移動するにつれ，対応する$w_1$, w_2が複素w平面上を移動する．zが$\theta = 0$から2πまで，$z_A \to z_B \to z_C$と$z = 0$を一周するにつれ，w_1は$w_1(z_A) \to w_1(z_B) \to w(z_C)$と上半面を移動する．$w_2$は下半面を移動する．

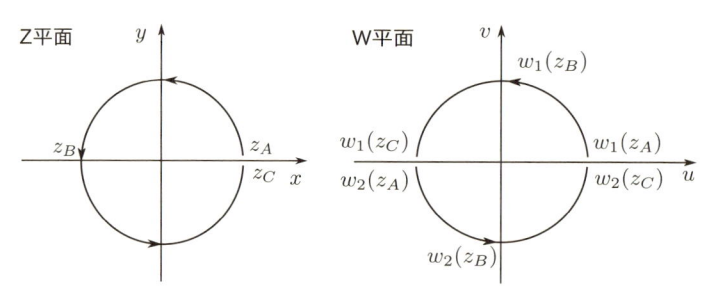

z_Cはz_Aに等しい．ただし$arg(z_c) = 2\pi$, $arg(z_A) = 0$である．一方$w_1(z_C) = -w_1(z_A)$となり，正の実軸上のzにおけるw_1は不連続である．θが2πから4πまで変化する，2周めでは，w_1は下半面を移動し，$\theta = 4\pi$で出発の値$w_1(z_A)$に一致する．

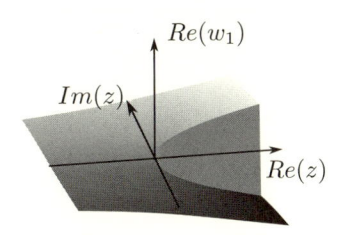

また，$z=0$ を周回すると分枝の値は不連続となるが，一方それ以外の点を周回しても，図のように不連続性は現れない．

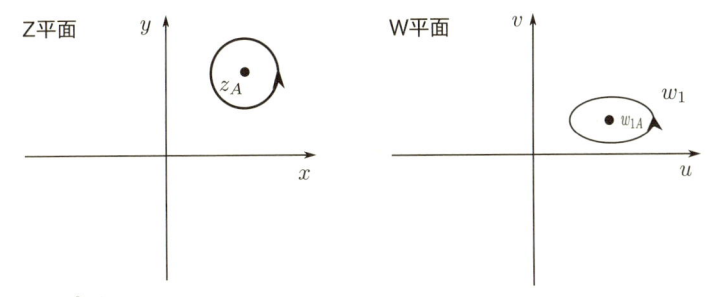

$\log z = \int_C \dfrac{1}{z}$ と積分表示で表すと，経路が $z=0$ を周回するごとに $\log z = \log r + i(\theta + 2n\pi)$ と多価性が現れる．このように，周回すると多価性が現れる点 ($\sqrt{z}, \log(z)$ における $z=0$) を，**分岐点**という．

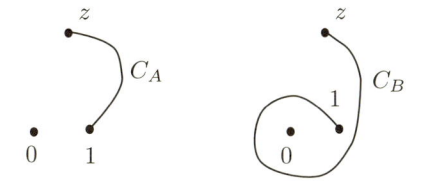

リーマン面 [例題 11]：

多価関数が1価関数となるように，複素平面を拡張した面をリーマン面という．

$z^{\frac{1}{2}}$ は1つの z に対して2つの $z^{\frac{1}{2}}$ の値が対応する．そこで，それぞれの分枝に対応する複素平面を2枚 z_I, z_{II} 用意すると，$z^{\frac{1}{2}}$ は1価関数となる．

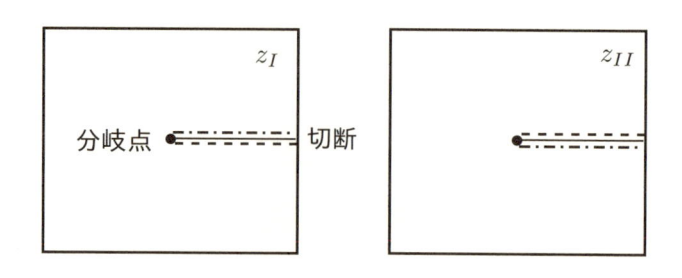

z_I 平面 $(0 \leq argz < 2\pi)$ において $z^{\frac{1}{2}} = w_1$ とする．z_I 平面を実軸正の部分で切断する．このとき $z^{\frac{1}{2}}$ は原点を除いて切断を横切らない限り，正則となる．分岐点である原点は特異点である．同様に，z_{II} 平面 $(2\pi \leq argz < 4\pi)$ において $w = w_2$ とし，実軸正の部分で切断する．z_I の切断の上（下）と z_{II} の切断の下（上）では $z^{\frac{1}{2}}$ は連続的につながる．そこで，これらを接続して，下図の一繋がりの面を作る．これをリーマン面といい，リーマン面上では $z^{\frac{1}{2}}$ は 1 価関数となる．ここで切断は偏角の選び方に依存して現れることに注意する．偏角を $-\pi \leq arg(z) < \pi$ とすると，切断は負の実軸となる．リーマン面において，多価関数は正則関数となり，これまでの正則関数の諸定理が活用できる．さらに本書で触れなかった**解析接続**などの重要な事柄を，巻末の参考文献で学んでほしい．

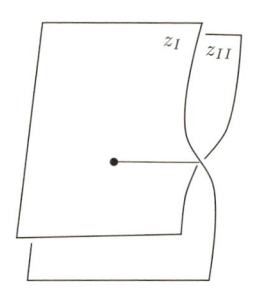

例題 10 多価関数

$\dfrac{1}{1+\sqrt{z}}$ を級数展開せよ．最初の 3 項まで求めればよい．

(1) $\sqrt{1}=1$ となる分枝において，$z=1$ を中心とするテイラー級数を求めよ．

(2) $\sqrt{1}=-1$ となる分枝において，$z=1$ を中心とするローラン級数を求めよ．

考え方

$\dfrac{1}{1+\sqrt{z}}$ の多価性は $\sqrt{z}$ により現れる．$z^{\frac{1}{2}}$ と同じリーマン面を考えればよい．

‖解答‖

$\sqrt{1}=1$ の分枝では，

$$\sqrt{z}=\sqrt{1+(z-1)}=1+\frac{1}{2}(z-1)-\frac{1}{8}(z-1)^2+\frac{1}{16}(z-1)^3-\cdots.$$

$\sqrt{1}=-1$ の分枝では，

$$\sqrt{z}=\sqrt{1+(z-1)}=-[1+\frac{1}{2}(z-1)-\frac{1}{8}(z-1)^2+\frac{1}{16}(z-1)^3-\cdots].$$

この展開は $|z-1|<1$ で収束する．

$$\frac{1}{1+\sqrt{z}}=\frac{1-\sqrt{z}}{1-z}$$

に $z^{\frac{1}{2}}$ を代入すると，$\sqrt{1}=1$ の分枝で，

$$\frac{1}{1+\sqrt{z}}=\frac{1}{2}-\frac{1}{8}(z-1)+\frac{1}{16}(z-1)^2-\cdots$$

とテイラー展開される．$z=0$ は正則点である．

ワンポイント解説

・$\sqrt{1+x}=1+\dfrac{x}{2}-\dfrac{x^2}{8}+\dfrac{x^3}{16}+\cdots$
を用いる．

$\sqrt{1} = -1$ の分枝では

$$\frac{1}{1+\sqrt{z}} = -2\frac{1}{z-1} - \frac{1}{2} + \frac{1}{8}(z-1) - \cdots$$

とローラン展開される．$\sqrt{1} = -1$ の分枝では，$z = 1$ は 1 位の極で留数は -2 となる．

例題 10 の発展問題

10-1. $f(z) = z^{\frac{1}{2}}$ の，分枝 $w = r^{\frac{1}{2}}e^{\frac{i\theta}{2}}$ は，$0 < \theta < 2\pi$ の範囲でコーシー・リーマンの式を満たし，正則となることを示せ．

10-2. $z = re^{i\theta}$ とし，$0 < \theta < 2\pi$ に対して $z^{\frac{1}{2}}$ を

$$z^{\frac{1}{2}} = r^{\frac{1}{2}}e^{\frac{i\theta}{2}}$$

とする．このとき

$$\oint_C z^{\frac{1}{2}} dz$$

を求めよ．ここで C は原点を中心とする半径 1 の円とする．

例題 11　実関数の積分

次の積分を複素積分を用いて求めよ．
$$I = \int_0^\infty \frac{x^{p-1}}{1+x}dx \ (0 < p < 1).$$

考え方

被積分関数は累乗 z^{p-1} を含むため，多価関数である．このため，偏角・切断を決め，積分経路内で1価関数となるように工夫する．

‖解答‖

$\dfrac{z^{p-1}}{1+z}$ は多価関数である．$z=0$ が分岐点であり，$0 \leq arg(z) < 2\pi$ とすると，切断は z 平面，正の実軸上にある．$z^{p-1} = r^{p-1}e^{i(p-1)\theta}$ の分枝に対応するリーマン面では1価関数となり，この面上で積分する．そこで積分路として切断を横切らない，図のような積分路をとる．

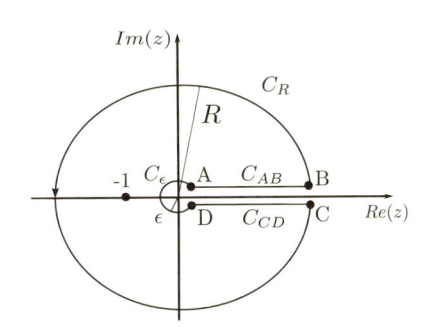

まず積分路の上における偏角を確認する．
C_{AB}: A から B に至る実軸に沿った積分路
$arg(z) = 0$. C_{AB} 上では $z = x$ (x は正の実数)．
C_R: 半径 R の円周を反時計回りに周回
$z = Re^{i\theta}$ とし，θ は 0 から 2π まで変化．B 点では $z = R$, C 点では $z = Re^{i2\pi}$.

ワンポイント解説

・切断の上側の積分路．

C_{CD}: C から D に至る実軸に沿った積分路 $arg(z) = 2\pi$. C_{CD} 上では $z = xe^{i2\pi}$.
C_ϵ: 半径 ϵ の円周を時計回りに周回 $z = \epsilon e^{i\theta}$ とし，θ は 2π から 0 まで変化．A 点では $z = \epsilon$, D 点では $z = \epsilon e^{i2\pi}$.

・切断の下側の積分路．

$C_{AB} + C_R + C_{CD} + C_\epsilon$ を連結した積分経路 C の内側において，被積分関数は孤立特異点 $z = e^{i\pi}$ のほか，正則である．$z = e^{i\pi}$ は 1 位の極であり，留数定理より

$$\oint_C \frac{z^{p-1}}{1+z}dz = 2\pi i e^{i\pi(p-1)}$$

となる．

次に C における各積分路の寄与を調べる．

C_{AB}:
$$\int_{C_{AB}} \frac{z^{p-1}}{1+z}dz = \int_\epsilon^R \frac{x^{p-1}}{1+x}dx.$$

$\epsilon \to 0, R \to \infty$ の極限で，この積分値は問題の積分 I になる．

C_{CD}:
$$\int_{C_{CD}} \frac{z^{p-1}}{1+z}dz = \int_R^\epsilon \frac{(xe^{2\pi i})^{p-1}}{1+xe^{2\pi i}}e^{2\pi i}dx$$
$$= -e^{i2\pi(p-1)}\int_\epsilon^R \frac{x^{p-1}}{1+x}dx.$$

$\epsilon \to 0, R \to \infty$ の極限で，この積分値は $-e^{i2\pi(p-1)}I$ となる．

C_R:
$$\left|\int_{C_R} \frac{z^{p-1}}{1+z}dz\right| = \left|\int_0^{2\pi} \frac{R^{p-1}e^{i(p-1)\theta}}{1+Re^{i\theta}}iRe^{i\theta}d\theta\right|$$
$$< 2\pi R^{p-1}.$$

$p < 1$ より $R \to \infty$ において，積分値はゼロになる．

C_ϵ:
$$\left|\int_{C_\epsilon} \frac{z^{p-1}}{1+z}dz\right| = \left|\int_0^{2\pi} \frac{\epsilon^{p-1}e^{i(p-1)\theta}}{1+\epsilon e^{i\theta}}i\epsilon e^{i\theta}d\theta\right|$$
$$< 2\pi\epsilon^p.$$

$0 < p < 1$ より, $\epsilon \to 0$ において, 積分値はゼロになる.

まとめると
$$\oint_C \frac{z^{p-1}}{1+z}dz = (1 - e^{i2\pi(p-1)})I = 2\pi i e^{i\pi(p-1)}$$
となる.

したがって
$$I = \int_0^\infty \frac{x^{p-1}}{1+x}dx = \frac{\pi}{\sin(p\pi)}$$
が得られた.

例題 11 の発展問題

11-1. 複素積分を用いて以下の積分を求めよ.
$$\int_0^\infty \frac{x^{-\frac{1}{2}}}{1+x^2}dx.$$

5 フーリエ級数

《 内容のまとめ 》

　フーリエ級数は周期関数を三角関数で展開して表したものである．三角関数は性質がよくわかっているので，関数の性質を調べたり，近似式としても用いられる．また，フーリエ級数は微分方程式の解法として有用で，様々な場面で活躍する．

周期関数 [例題 12]:

　関数 $f(x)$ が

$$f(x+T) = f(x) \tag{5.1}$$

を満たすとき，$f(x)$ を周期 $T > 0$ の周期関数という．上の関係を満たす最小の T を基本周期という．たとえば，三角関数 $\sin(x)$ の基本周期は 2π である．

フーリエ級数展開 [例題 13]:

　周期 $2L$ の周期関数 $f(x)$ は，

$$f(x) \sim \frac{a_0}{2} + \sum_{n=1}^{\infty}[a_n \cos\frac{n\pi}{L}x + b_n \sin\frac{n\pi}{L}x] \tag{5.2}$$

とフーリエ級数展開される．展開係数 a_n, b_n（フーリエ係数）は，$f(x)$ を用いた以下の積分で与えられる．

$$\begin{aligned}
a_n &= \frac{1}{L}\int_{-L}^{L} f(x)\cos(\frac{n\pi}{L}x)dx \quad n=0,1,2,\ldots \\
b_n &= \frac{1}{L}\int_{-L}^{L} f(x)\sin(\frac{n\pi}{L}x)dx \quad n=1,2,3,\ldots
\end{aligned} \tag{5.3}$$

たとえば，図の周期関数 $f(x)$ をフーリエ級数展開を用いて調べると，周期の異なる 3 つの正弦および余弦関数の重ね合わせになっていることがわかる．

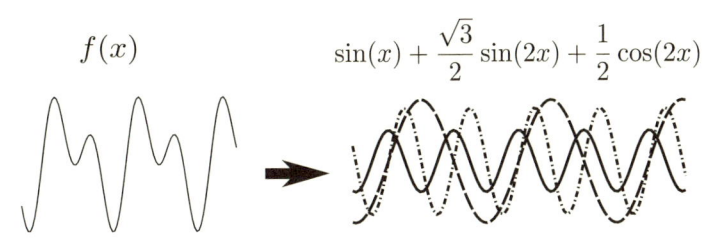

$$f(x) \quad\longrightarrow\quad \sin(x) + \frac{\sqrt{3}}{2}\sin(2x) + \frac{1}{2}\cos(2x)$$

フーリエ級数展開

フーリエ級数展開は周期関数のみならず，有限の区間 $|x| \leq L$ で与えられた関数 $f(x)$ に適用することもできる．この場合，フーリエ級数展開で与えられる関数は，$f(x)$ を $|x| > L$ の領域へ周期関数として拡張したものになる．

フーリエ級数展開に現れる三角関数 $1, \cos(\pi x/L), \sin(\pi x/L) \cdots$ の積分は，

$$\int_{-L}^{L} \sin(\frac{m\pi}{L}x)\sin(\frac{n\pi}{L}x)dx = L\delta_{m,n}$$
$$\int_{-L}^{L} \cos(\frac{m\pi}{L}x)\cos(\frac{n\pi}{L}x)dx = L(1+\delta_{m,0})\delta_{m,n}$$
$$\int_{-L}^{L} \cos(\frac{m\pi}{L}x)\sin(\frac{n\pi}{L}x)dx = 0 \tag{5.4}$$

の関係を満たす．これらの関係式は異なる $\sin\left(\frac{m\pi x}{L}\right), \cos\left(\frac{n\pi x}{L}\right)$ の積分がゼロとなる直交関係を示している．式 (5.2) の両辺に三角関数をかけて積分すると，式 (5.4) を用いて，フーリエ係数 a_n, b_n の表式 (5.3) が得られる．

関数に不連続点があると，べき級数展開は機能しないが，フーリエ級数展開は使える．$f(x)$ が区分的になめらかなとき，$f(x)$ の連続点では，フーリエ級数展開（式 (5.2) 右辺）は $f(x)$ に等しくなる．$f(x)$ の不連続点では，不連続点の右からの極限 $f(x+0)$ と左からの極限 $f(x-0)$（$f(x\pm 0) = \lim_{\epsilon \to +0} f(x\pm\epsilon)$）の平均値になる．したがって式 (5.2) の $f(x) \sim$ は次のように表される．

$$f(x) \sim \rightarrow \frac{f(x+0)+f(x-0)}{2} = \qquad (5.5)$$

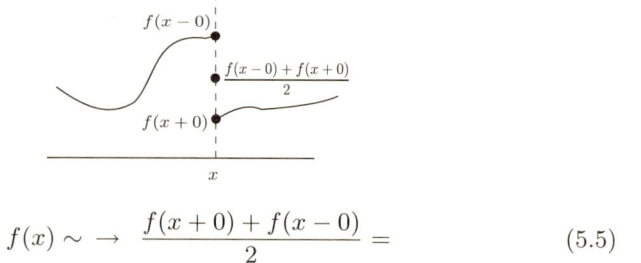

数値計算において，フーリエ級数展開を使う場合，実際は有限項の級数和を計算する．不連続点近傍における有限項のフーリエ級数では，刺のような振舞い（ギブス（**Gibbs**）の現象）が残ることに，注意しておく必要がある[1]．

フーリエ正弦，余弦級数:

フーリエ級数展開は，周期関数が偶関数のとき a_n のみ，奇関数のときは b_n のみを用いて表される．たとえば，奇関数のフーリエ正弦級数展開は以下のように表される．

$$f_o(x) = \sum_{n=1}^{\infty} b_n \sin \frac{n\pi}{L} x. \qquad (5.6)$$

係数 b_n は次の積分で与えられる．

$$b_n = \frac{2}{L} \int_0^L f(x) \sin(\frac{n\pi}{L} x) dx. \qquad (5.7)$$

複素フーリエ級数 [例題 14]:

三角関数を用いたフーリエ展開の式は，オイラーの公式 $e^{ix} = \cos x + i \sin x$ を使って，すっきりした複素フーリエ級数に書き変えられる．

$$\frac{f(x+0)+f(x-0)}{2} = \sum_{n=-\infty}^{\infty} c_n e^{i \frac{n\pi}{L} x}. \qquad (5.8)$$

ここで，係数 c_n は一般に複素数で

---

[1] フーリエ級数の収束性については，巻末にあげた参考図書でさらに調べてほしい．たとえば参考文献 [9], [12].

$$c_n = \frac{1}{2L}\int_{-L}^{L} f(x)e^{-i\frac{n\pi}{L}x}dx. \tag{5.9}$$

ここで，a_n, b_n を用いて表すと，$c_0 = a_0/2$ となり，正の整数 $n = 1, 2, \ldots$ に対して c_n は

$$c_n = \frac{a_n - ib_n}{2}, \quad c_{-n} = \frac{a_n + ib_n}{2} \tag{5.10}$$

と与えられる．三角関数の積分と同様な直交関係が成り立つ．

$$\int_{-L}^{L} \overline{(e^{i\frac{m\pi}{L}x})}e^{i\frac{n\pi}{L}x}dx = 2L\delta_{m,n} \tag{5.11}$$

フーリエ級数の項別微分 [例題 14,15]：

周期 $2L$ の連続な周期関数 $f(x)$ の導関数 $f'(x)$ が区分的になめらかであれば，$f'(x)$ のフーリエ級数は $f(x)$ を項別微分して

$$f'(x) \sim \sum_{n=-\infty}^{\infty} c'_n e^{i\frac{n\pi}{L}x} \tag{5.12}$$

と表される．導関数のフーリエ係数 c'_n は

$$c'_n = i\frac{n\pi}{L}c_n \tag{5.13}$$

で与えられる．複素フーリエ級数では，微分はフーリエ級数 c_n に $\dfrac{in\pi}{L}$ をかける操作だけで得られる．この簡便さは，常微分方程式や偏微分方程式の解く際に役立つ．

例題 12 三角多項式

$f(x) = x$ を $-L \leq x \leq L$ において近似的に表す関数 $g(x)$ を求める.

$$g(x) = B_1 \sin \frac{\pi x}{L} + B_2 \sin \frac{2\pi x}{L} + B_3 \sin \frac{3\pi x}{L}$$

として，平均 2 乗誤差 Δ

$$\Delta = \int_{-L}^{L} (f(x) - g(x))^2 dx$$

を最小にする B_1, B_2, B_3 を求めよ.

考え方

一般に有限項の三角関数で表された，周期 $2L$ の関数

$$g_N(x) = \frac{A_0}{2} + \sum_{n=1}^{N} \left(A_n \cos \frac{n\pi x}{L} + B_n \sin \frac{n\pi x}{L} \right)$$

を三角多項式という．周期関数を最も良く近似する三角多項式を求める．最もよい近似関数を，平均 2 乗誤差 Δ が最小になるように決める．

‖解答‖

平均 2 乗誤差

$$\begin{aligned}\Delta &= \int_{-L}^{L} (f(x) - g(x))^2 dx \\ &= \int_{-L}^{L} f^2 dx - 2 \int_{-L}^{L} fg\, dx + \int_{-L}^{L} g^2 dx\end{aligned}$$

を B_n で表す.
右辺の第 3 項は

$$\begin{aligned}&\int_{-L}^{L} g^2 dx \\ &= \sum_{n=1}^{3} \sum_{m=1}^{3} B_n B_m \int_{-L}^{L} \sin \frac{n\pi x}{L} \sin \frac{m\pi x}{L} dx\end{aligned}$$

ワンポイント解説

・B_n に依存する項は 2, 3 項目

$$= \sum_{n=1}^{3} B_n^2 \int_{-L}^{L} \sin^2 \frac{n\pi x}{L} dx$$
$$= \sum_{n=1}^{3} B_n^2 \int_{-L}^{L} \frac{1 - \cos \frac{2n\pi x}{L}}{2} dx$$
$$= L \sum_{n=1}^{3} B_n^2$$

・三角関数の直交性より, $m = n$ の項のみ残る

第 2 項は
$$-2 \int_{-L}^{L} fg dx = -2 \int_{-L}^{L} f(x) \sum_{n=1}^{3} B_n \sin \frac{n\pi x}{L} dx$$

となる．ここで, $f(x)$ のフーリエ係数 b_n
$$b_n = \frac{1}{L} \int_{-L}^{L} f(x) \sin \frac{n\pi x}{L} dx$$
を用いると
$$-2 \int_{-L}^{L} fg dx = -2L \sum_{n=1}^{3} b_n B_n$$

と書ける．平均 2 乗誤差は
$$\Delta = L\left(\sum_{n=1}^{3} B_n^2 - 2 \sum_{n=1}^{3} B_n b_n\right) + \int_{-L}^{L} f^2 dx$$
$$= L \sum_{n=1}^{3} (B_n - b_n)^2 + \left(\int_{-L}^{L} f^2 dx - L \sum_{n=1}^{3} b_n^2\right)$$

となり，平均 2 乗誤差を最小にする係数 B_n は
$$B_n = b_n.$$

すなわち，フーリエ係数 b_n を係数とする三角多項式は平均 2 乗誤差を最小にする近似式となる．

具体的に B_n は

$$B_n = b_n$$
$$= \frac{1}{L}\int_{-L}^{L} x \sin\frac{n\pi x}{L} dx$$
$$= \frac{1}{L}(-\frac{L}{n\pi})\int_{-L}^{L} x\frac{d}{dx}[\cos\frac{n\pi x}{L}]dx$$
$$= -\frac{1}{n\pi}\left(\left.(x\cos\frac{n\pi x}{L})\right|_{x=-L}^{L} - \int_{-L}^{L}\cos\frac{n\pi x}{L}dx\right)$$
$$= \frac{2(-1)^{n+1}}{n\pi}L$$

となり，平均2乗誤差を最小にする関数は，

$$g(x) = \frac{2L}{\pi}\left(\sin\frac{\pi x}{L} - \frac{1}{2}\sin\frac{2\pi x}{L} + \frac{1}{3}\sin\frac{3\pi x}{L}\right)$$

で与えられる．

例題では，$f(x) = x$ は奇関数なので正弦関数のみを用いて表された．一般には $f(x)$ のフーリエ展開係数 a_n, b_n を用いた三角多項式

$$g_N(x) = \frac{a_0}{2} + \sum_{n=1}^{N}(a_n\cos\frac{n\pi x}{L} + b_n\sin\frac{n\pi x}{L})$$

は平均2乗誤差を最小とする．また $\Delta > 0$ より

$$\int_{-L}^{L} f^2(x)dx \geq \int_{-L}^{L} g_N^2 dx = L\left(\frac{a_0^2}{2} + \sum_{n=1}^{N}(a_n^2 + b_n^2)\right)$$

というベッセル（Bessel）の不等式が成り立つ．フーリエ級数が収束するときは，$N \to \infty$ で上式の等号が成り立ち，パーシバル（Parseval）の等式とよばれている．

例題 12 の発展問題

12-1. $f(x) = \cos\frac{1}{2}x + \sin\frac{1}{3}x$ の基本周期を求めよ.
(ヒント：$f(x+L) = f(x)$ となる最小の L を基本周期という．)

12-2. $f(x)$ を周期 $2L$ の周期関数とする．
$$\int_a^{a+2L} f(x)dx = \int_b^{b+2L} f(x)dx$$
を示せ．

これから，フーリエ係数の公式 (5.3) は積分範囲をずらして
$$a_n = \frac{1}{L}\int_{-L}^{L} f(x)\cos(\frac{n\pi}{L}x)dx$$
$$= \frac{1}{L}\int_0^{2L} f(x)\cos(\frac{n\pi}{L}x)dx$$

などと表されることがわかる．周期が 2π のときは，$L = \pi$ とおけば
$$a_n = \frac{1}{\pi}\int_{-\pi}^{\pi} f(x)\cos(nx)dx$$
$$= \frac{1}{\pi}\int_0^{2\pi} f(x)\cos(nx)dx$$

が得られる．

例題13 フーリエ級数展開

$f(x)$, $g(x)$ は周期 2π の周期関数である．$-\pi \leq x < \pi$ において $f(x)$, $g(x)$ はそれぞれ以下に与えられる．

$$f(x) = x, \qquad g(x) = \pi - |x|.$$

(1) $f(x)$, $g(x)$ のフーリエ級数展開を求めよ．
(2) $f(x)$, $g(x)$, およびフーリエ級数で表した，最初の2項までの部分和を図示せよ．

考え方

偶関数，奇関数のフーリエ級数では，それぞれ正弦，余弦関数の係数がゼロとなる．たとえば，$f(x)$ が偶関数 $f(x) = f(-x)$ のとき

$$b_n = \frac{1}{\pi} \int_{-\pi}^{\pi} f(x) \sin(nx) dx$$

において $x = -x'$ と置き換え，$f(x) = f(-x)$ を用いると

$$\begin{aligned}
b_n &= \frac{1}{\pi} \int_{-\pi}^{\pi} f(-x') \sin(-nx')(-dx') \\
&= -\frac{1}{\pi} \int_{-\pi}^{\pi} f(x') \sin(nx') dx' \\
&= -b_n.
\end{aligned}$$

よって $b_n = 0$．同様に，奇関数 $f(x) = -f(-x)$ に対して $a_n = 0$ となる．

‖解答‖

$g(x)$ は偶関数なので $b_n = 0$．また，$[-\pi, 0]$ と $[0, \pi]$ 区間の積分値が等しいので，

$$\begin{aligned}
a_n &= \frac{1}{\pi} \int_{-\pi}^{\pi} g(x) \cos(nx) dx \\
&= \frac{2}{\pi} \int_{0}^{\pi} g(x) \cos(nx) dx
\end{aligned}$$

ワンポイント解説

と与えられる．これを用いると $n \neq 0$ のとき

$$\begin{aligned}a_n &= \frac{2}{\pi}\int_0^\pi (\pi-x)\cos(nx)dx \\ &= \frac{2}{\pi}\int_0^\pi (\pi-x)\left[\frac{\sin(nx)}{n}\right]'dx \\ &= \frac{2}{n\pi}\int_0^\pi \sin(nx)dx \\ &= -\frac{2}{n^2\pi}[(-1)^n-1] \\ &= \begin{cases} 0 & n\text{:偶数} \\ \frac{4}{n^2\pi} & n\text{:奇数}. \end{cases}\end{aligned}$$

・$\frac{1}{n}$ が出るので $n=0$ と別に調べる．

$n=0$ のとき

$$\begin{aligned}a_0 &= \frac{2}{\pi}\int_0^\pi (\pi-x)dx \\ &= \pi.\end{aligned}$$

よって，$g(x)$ のフーリエ級数展開は

$$\begin{aligned}g(x) &= \frac{\pi}{2}+\frac{4}{\pi}(\cos x+\frac{\cos 3x}{3^2}+\frac{\cos 5x}{5^2}+\cdots) \\ &= \frac{\pi}{2}+\frac{4}{\pi}\sum_{n=\text{奇数}}\frac{1}{n^2}\cos(nx)\end{aligned}$$

と与えられる．

次に，$f(x)$ は奇関数なので $a_n=0$ となる．また b_n は

$$b_n = \frac{2}{\pi}\int_0^\pi x\sin(nx)dx$$

より得られる．この積分は例題12で計算した B_n と同じである．$L=\pi$ とおいて区間を調整すれば，

$$b_n = \frac{2(-1)^{n+1}}{n}$$

で与えられる．$f(x)$ のフーリエ級数展開は

$$f(x) \sim 2(\sin x - \frac{\sin 2x}{2} + \frac{\sin 3x}{3} - \cdots)$$

となる．得られた係数を比較すると，連続関数 $g(x)$ のフーリエ係数は，n が大きくなるにつれ $a_n \sim \frac{1}{n^2}$ でゼロに近づく．一方，不連続点をもつ $f(x)$ のフーリエ係数は，n が大きくなるにつれ $b_n \sim \frac{1}{n}$ と $g(x)$ の場合よりゆっくりゼロに近づく．不連続点をもつ関数のフーリエ級数の収束は連続関数より遅くなる．

以下の図に $f(x)$, $g(x)$ を実線で示し，さらに最初の 2 項で近似した三角多項式 $f_2(x)$, $g_2(x)$

$$g_2(x) = \frac{\pi}{2} + \frac{4}{\pi} \cos x$$
$$f_2(x) = 2\left(\sin x - \frac{\sin 2x}{2}\right)$$

を破線で図示した．

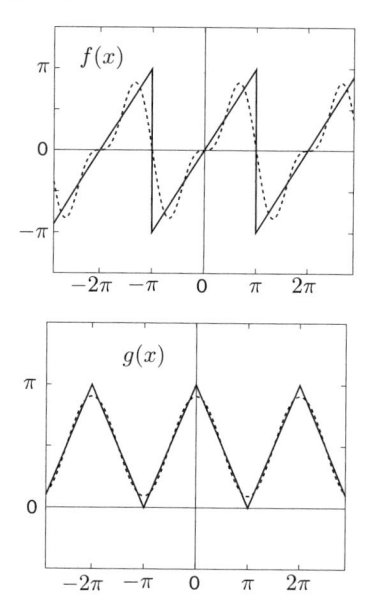

$f(\pi - 0) = \pi$, $f(\pi + 0) = -\pi$ より $f(x)$ は $x = \pi$ において不連続となる．フーリエ級数展開した関数値は，これら右，左極限の平均値 $\dfrac{f(\pi + 0) + f(\pi - 0)}{2} = 0$ になっている．さらに，図のように $n = 20$（点線），$n = 60$（破線），$n = 100$（実線）まで足していくと，フーリエ級数展開は $f(x)$ に近づいていく．不連続点の近くで三角多項式がずれている領域は，n が増加するにつれ狭くなっていく．しかしながら，ずれの大きさは小さくならずに残っている（Gibbs の現象）ことがわかる．

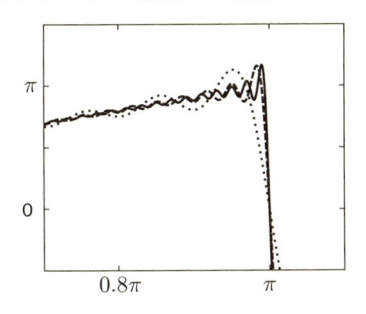

例題 13 の発展問題

13-1. $f(x)$ は周期 2π の周期関数で，$-\pi \leq x < \pi$ で $f(x) = x^2$ と与えられる．$f(x)$ のフーリエ級数展開を求めよ．また，得られた結果を用いて

$$\frac{\pi^2}{12} = \sum_{n=1}^{\infty} \frac{(-1)^{n+1}}{n^2} = 1 - \frac{1}{4} + \frac{1}{9} - \cdots$$

$$\frac{\pi^2}{6} = \sum_{n=1}^{\infty} \frac{1}{n^2} = 1 + \frac{1}{4} + \frac{1}{9} + \cdots$$

が成り立つことを示せ．

13-2. 交流電流 $i(t) = i_0 \sin \omega t$ を整流器に通した．ここで，i_0，ω は正の定数とする．

(1) 半波整流の場合の出力電流を $i_1 = i_0 \max(\sin \omega t, 0)$

(2) 全波整流の場合の出力電流を $i_2 = i_0 |\sin \omega t|$ として，i_1, i_2 のフーリエ級数展開を求めよ．

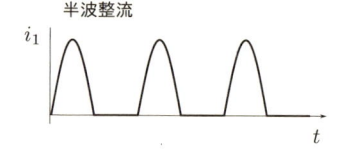

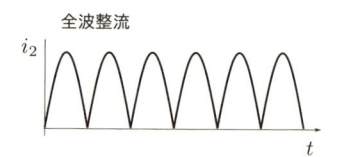

13-3. $\cos(ax)$ のフーリエ級数展開を求めよ．また，この結果を利用して

$$\frac{1}{\sin x} = \frac{1}{x} + 2x \sum_{n=1}^{\infty} \frac{(-1)^n}{x^2 - (n\pi)^2}$$

$$\cot x = \frac{1}{x} + 2x \sum_{n=1}^{\infty} \frac{1}{x^2 - (n\pi)^2}$$

を示せ．

例題 14　常微分方程式への応用

図のように，コイル (L)，コンデンサ (C)，抵抗 (R) を直列につなぎ，外部電圧 $V(t)$ をかける．この回路に流れる電流 $I(t)$ は微分方程式

$$L\frac{d^2 I}{dt^2} + R\frac{dI}{dt} + \frac{1}{C}I = \frac{dV}{dt} \tag{5.14}$$

を満たす．

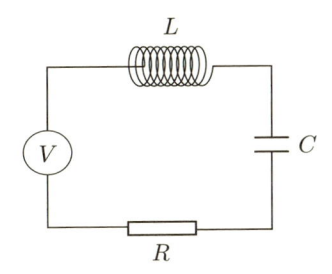

$V(t)$ は角振動数 ω の周期関数で与えられる．複素フーリエ展開を用いて，十分時間が立った後の $I(t)$ を求めよ．

考え方

$V(t), I(t)$ は周期 $T = \dfrac{2\pi}{\omega}$ の周期関数となる．微分方程式の解を求める際に複素フーリエ級数を用いると，微分により正弦関数と余弦関数が入れ替わる面倒がなくすっきり解ける．

微分方程式 (5.14) の最も一般な解は，非斉次方程式の解 $I(t)$ に，電流に依存しない項 ($V(t)$) をゼロとした斉次方程式

$$L\frac{d^2 I_h}{dt^2} + R\frac{dI_h}{dt} + \frac{1}{C}I_h = 0$$

の解を加えた $I + I_h$ である．（参照　本シリーズ 5 巻「質点系の力学」例題 7．）しかし斉次方程式の解は，力学の減衰振動と同様に，十分時間が経過したのちに減衰する．そこで十分時間が経過した定常状態の解には，非斉次方程式の解のみを考えることにする．

解答

電圧 $V(t)$ は複素フーリエ級数を用いて

$$V(t) = \sum_{n=-\infty}^{\infty} V_n e^{in\omega t}$$

と表す．ここで，電圧 $V(t)$ は実数 ($V(t) = \bar{V}(t)$) なので，係数 V_n は $V_{-n} = \bar{V}_n$ の関係を満たす．同様に電流 $I(t)$ は $I(t) = \sum_{n=-\infty}^{\infty} I_n e^{in\omega t}$ とフーリエ展開する．フーリエ級数を項別微分すると

$$\begin{aligned}\frac{dV(t)}{dt} &= \frac{d}{dt}\sum_{n=-\infty}^{\infty} V_n e^{in\omega t} \\ &= \sum_{n=-\infty}^{\infty} V_n \frac{d}{dt} e^{in\omega t} \\ &= \sum_{n=-\infty}^{\infty} (in\omega V_n) e^{in\omega t}.\end{aligned}$$

微分の操作はフーリエ係数 V_n に $(in\omega)$ をかけるだけとなる．$I(t)$, $V(t)$ の表式を微分方程式に代入すると

$$L\sum_{n=-\infty}^{\infty}(in\omega)^2 I_n e^{in\omega t} + R\sum_{n=-\infty}^{\infty}(in\omega) I_n e^{in\omega t}$$
$$+ \frac{1}{C}\sum_{n=-\infty}^{\infty} I_n e^{in\omega t} = \sum_{n=-\infty}^{\infty}(in\omega) V_n e^{in\omega t}.$$

$e^{in\omega t}$ の各項の係数は右辺と左辺で等しくなるので

$$\left((in\omega)^2 L + (in\omega) R + \frac{1}{C}\right) I_n = in\omega V_n$$

より

ワンポイント解説

・項別微分可能性を仮定する．物理の問題では微分可能性の条件を満たしているとして調べ始める．

・微分方程式を解く操作は，割り算だけで完了する．

$$I_n = \frac{in\omega}{\frac{1}{C} + (in\omega)R + (in\omega)^2 L} V_n$$
$$= \frac{1}{R + \frac{1}{in\omega C} + in\omega L} V_n$$

となり，$I(t)$ が得られる．

V が $V(t) = \cos(\omega t + \delta)$ と与えられた場合，
$$V(t) = \frac{e^{i\delta}}{2} e^{i\omega t} + \frac{e^{-i\delta}}{2} e^{-i\omega t}$$
より，V_1, V_{-1} は
$$V_1 = \frac{e^{i\delta}}{2}, \qquad V_{-1} = \frac{e^{-i\delta}}{2}$$
となる．

・交流回路における，コンデンサー，コイルのリアクタンスは $\frac{1}{\omega C}, \omega L$．位相を取り入れた，複素インピーダンス $Z = R + i(L\omega - \frac{1}{C\omega})$ が得られた．

例題 14 の発展問題

14-1. 周期関数 $\cos^3(x)$ を複素フーリエ展開せよ．

14-2. $f(x)$ は周期 $2L$ の周期関数とする．$f(x)$ は偶関数で $f(x+L) = -f(x)$ の関係式を満たすとする．$f(x)$ のフーリエ係数は，奇数次の係数 a_{2m+1} だけゼロでなく
$$a_{2m+1} = \frac{4}{L} \int_0^{\frac{L}{2}} f(x) \cos(\frac{2m+1}{L}\pi x) dx \quad m = 0, 1, 2, \ldots$$
と与えられることを示せ．

また，偶数次の係数 a_{2m} だけがゼロでないとき，$f(x)$ が満足する条件を示せ．

14-3. ゼロまたは正の整数 n に対して
$$\frac{1}{\pi} \int_0^\pi \frac{\cos n\theta}{1 - 2r\cos\theta + r^2} d\theta = \frac{r^n}{1 - r^2} \quad (0 < r < 1)$$
を示せ．

(ヒント：$|z| < 1$ のとき複素数 z に対して $\sum_{n=0}^\infty z^n = \frac{1}{1-z}$ が成り立つ．ここで極座標 $z = re^{i\theta}$ を用いる．)

例題 15　偏微分方程式への応用

長さ L の弦の振動を，フーリエ級数を用いて調べる．位置 x，時刻 t における弦の変位を $u(x,t)$ とする．弦の変位は以下の偏微分方程式に従う．

$$\frac{\partial^2 u}{\partial t^2} = v^2 \frac{\partial^2 u}{\partial x^2}. \tag{5.15}$$

(1) $x=0, x=L$ は，$u(0,t) = u(L,t) = 0$ となる固定端とする．変数分離 $u(x,t) = X(x)T(t)$ を用いて，$X(x), T(t)$ のフーリエ級数の表式を求めよ．

(2) さらに，初期条件が $\left.\frac{\partial u(x,t)}{\partial t}\right|_{t=0} = 0$ および

$$u(x,0) = \begin{cases} \frac{2}{L}x & (0 \leq x < \frac{L}{2}) \\ \frac{2}{L}(L-x) & (\frac{L}{2} \leq x \leq L) \end{cases} \tag{5.16}$$

で与えられるとき，$u(x,t)$ を求めよ．

考え方

この線形偏微分方程式の問題は (I) 変数分離により，常微分方程式の組で表す．(II) 境界条件を満たす常微分方程式の解を得る．(III) 一般解を得られた解の重ね合わせとして表し，初期条件を満たすように重ね合わせの係数を決める，という手順で解いていく．

‖解答‖

(1) x, t の範囲は $0 \leq x \leq L$, $0 \leq t < \infty$ とする．$u(x,t) = X(x)T(t)$ と変数分離型にとり，波動方程式 (5.15) に代入すると

$$X\frac{d^2 T}{dt^2} = v^2 T \frac{d^2 X}{dx^2}$$

となり，両辺を $v^2 XT$ で割ると

$$\frac{1}{v^2}\frac{\frac{dT}{dt}}{T} = \frac{1}{X}\frac{d^2 X}{dx^2} = -k^2.$$

よって，偏微分方程式は常微分方程式の組

ワンポイント解説

第1項は t の関数，第2項は x の関数なので，等号がすべての x, t で成り立つためには定数 k^2 でなければならない．

$$\frac{d^2 T}{dt^2} = -k^2 v^2 T$$
$$\frac{d^2 X}{dx^2} = -k^2 X$$

に書き直される.

まず,境界条件を満たす解を求める. $k^2 = 0$ のとき

$$\frac{d^2 X}{dx^2} = 0$$

より $X = ax + b$. $X(0) = X(L) = 0$ より $a = b = 0$.

$k^2 < 0$ のとき

$$X = a e^{\sqrt{-k^2} x} + b e^{-\sqrt{-k^2} x}$$

となり,境界条件より再び $a = b = 0$ となる.

$k^2 > 0$ のとき ($k > 0$ とする)

$$X = a \sin(kx) + b \cos(kx).$$

ここで,$X(0) = X(L) = 0$ より,$b = 0$ および $\sin(kL) = 0$ を得る.これから,k が特別の値 $k_n = \dfrac{n\pi}{L}$ ($n = 1, 2, \ldots$) のとき境界条件が満たされる.

一方,

$$\frac{d^2 T}{dt^2} = -k^2 v^2 T$$

の解は $T = a \cos(kvt) + b \sin(kvt)$ と書ける.

一般解は,$k_n = \dfrac{n\pi}{L}$,$\omega_n = v k_n$ の解を重ね合わせて

$$u(x, t) = \sum_{n=1}^{\infty} (A_n \sin(\omega_n t) + B_n \cos(\omega_n t)) \sin(k_n x)$$

・$k^2 \leq 0$ の場合は以後考えない.

と与えられる．

(2) 未知定数 A_n, B_n は初期条件を与えると決まる．ここでは，$\left.\frac{\partial u(x,t)}{\partial t}\right|_{t=0} = 0$ より $A_n = 0$ となる．B_n は初期条件式 (5.16) を満たすように決める．

$$u(x,0) = \sum_{n=1}^{\infty} B_n \sin(\frac{n\pi}{L}x). \qquad (5.17)$$

B_n を求めるために $0 \leq x \leq L$ 区間で定義されている $u(x,0)$ を $-L \leq x \leq 0$ 区間へ奇関数として拡張する．上の式は奇関数のフーリエ正弦変換にほかならず，フーリエ係数は，

$$B_n = \frac{2}{L} \int_0^L u(x,0) \sin(\frac{n\pi}{L}x) dx \qquad (5.18)$$

と与えられる．与えられた $u(x,0)$ を代入すると，

$$B_n = \frac{8}{n^2\pi^2} \sin(\frac{n\pi}{2})$$

が得られる．ここで n は奇数．

結局，初期条件，境界条件を満たす弦の振幅は

$$u(x,t) = \sum_{n=\text{奇数}}^{\infty} \frac{8}{n^2\pi^2} \sin(\frac{n\pi}{2})$$
$$\times \sin(\frac{n\pi}{L}x) \cos(\frac{n\pi v}{L}t)$$

となる．得られた解を用いて振幅を半周期調べると，以下の図ように，時間とともに三角型の山がつぶれていく様子がわかる．

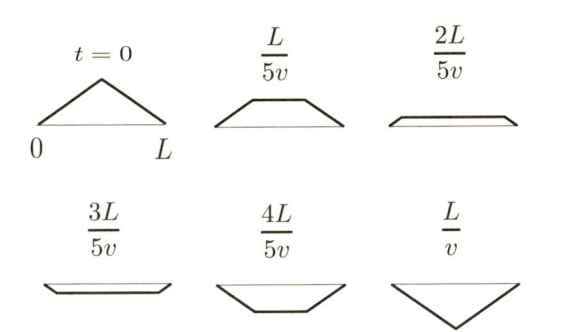

蛇足だが，ここで調べた解 ($\left.\frac{\partial u(x,t)}{\partial t}\right|_{t=0} = 0$，すなわち $A_n = 0$) は，

$$u(x,t) = \frac{1}{2}\sum_{n=1}^{\infty} B_n[\sin(\frac{n\pi}{L}(x-vt)) + \sin(\frac{n\pi}{L}(x+vt))]$$

と書ける．さらに，$u(x,0)$ のフーリエ級数展開式 (5.17) と (5.18) から

$$u(x,t) = \frac{1}{2}[u(x-vt,0) + u(x+vt,0)]$$

と書くことができる．この解は右へ進む波と左へ進む波の重ね合わせで定在波となっていることを示している．ここで，右辺の $u(x,0)$ は奇関数として拡張した周期関数と考える．

> この式は $u(x,0)$ の関数形によらず成立する．ここでは，$\left.\frac{\partial u(x,t)}{\partial t}\right|_{t=0} = 0$ としているため $u(x,0)$ のみで与えられる．

例題 15 の発展問題

15-1. 長さ L の棒の，位置 $x(0 \leq x \leq L)$，時刻 $t(t \geq 0)$ における温度 $u(x,t)$ が時刻とともに変化していく様子は

$$\frac{\partial u(x,t)}{\partial t} = \kappa \frac{\partial^2 u(x,t)}{\partial x^2}$$

で与えられる．ここで $\kappa > 0$.
$x = 0$ および $x = L$ における境界条件を $\frac{\partial u(x,t)}{\partial x} = 0$．また，$t = 0$ における初期条件を $u(x,0) = f(x)$ とする．$t > 0$ における $u(x,t)$ を求めよ．

重要度
★★★★★

6 フーリエ変換

―――《 内容のまとめ 》―――

フーリエ変換 [例題 16]:

　フーリエ級数展開では，周期関数を三角関数を用いて表した．様々な場面で遭遇する，周期性をもたない非周期関数も，フーリエ級数と同様に三角関数を用いて表すことができる．フーリエ級数展開において，周期を無限大にすると，非周期関数を三角関数で表すフーリエ変換が導かれる．複素フーリエ級数 (5.8), (5.9) は

$$\frac{f(x+0)+f(x-0)}{2} = \sum_{k_n} \frac{1}{\sqrt{2\pi}} F(k_n) e^{ik_n x} \Delta k \tag{6.1}$$

$$F(k_n) = \frac{1}{\sqrt{2\pi}} \int_{-L}^{L} f(x) e^{-ik_n x} dx. \tag{6.2}$$

と表される．n の代わりに $k_n = \dfrac{n\pi}{L}$ を用い，$F(k_n) = \dfrac{2L}{\sqrt{2\pi}} c_n$ とした．とびとびの値をとる k_n の間隔 $\Delta k = k_{n+1} - k_n = \dfrac{\pi}{L}$ は，L が大きくなると小さくなっていく．$L \to \infty$ では k_n は連続的な値をとり，式 (6.1) の和は k の積分となる．$F(k_n)$ を連続変数 k の関数とすると，フーリエ変換が導かれる．

　関数 $f(x)$ が区分的になめらかで**絶対可積分** $\left(\int_{-\infty}^{\infty} |f(x)|dx < \infty, \text{よって} \lim_{x \to \pm\infty} |f(x)| = 0\right)$ のとき，

$$\frac{f(x+0)+f(x-0)}{2} = \frac{1}{\sqrt{2\pi}} \int_{-\infty}^{\infty} F(k) e^{ikx} dk \tag{6.3}$$

$$F(k) = \frac{1}{\sqrt{2\pi}} \int_{-\infty}^{\infty} f(x) e^{-ikx} dx \tag{6.4}$$

が成り立つ．また，$f(x)$ から $F(k)$ を得る操作をフーリエ変換，あるいは

$F(k)$ を $f(x)$ のフーリエ変換という.また $f(x)$ が連続な点では

$$f(x) = \frac{1}{\sqrt{2\pi}} \int_{-\infty}^{\infty} F(k)e^{ikx} dx \tag{6.5}$$

が成り立ち,$F(k)$ から $f(x)$ を得る操作をフーリエ逆変換という.
式 (6.3) は

$$f(x) \sim \frac{1}{2\pi} \int_{-\infty}^{\infty} \left(\int_{-\infty}^{\infty} f(y)e^{-iky} dy \right) e^{ikx} dk \tag{6.6}$$

と表され,これをフーリエの積分公式という.三角関数を用いて表すと

$$\begin{aligned} f(x) &\sim \frac{1}{\pi} \int_0^{\infty} \left(\int_{-\infty}^{\infty} f(y)\cos((x-y)k) dy \right) dk \\ &= \int_0^{\infty} [\cos(xk) \left(\frac{1}{\pi} \int_{-\infty}^{\infty} f(y)\cos(yk) dy \right) \\ &\quad + \sin(xk) \left(\frac{1}{\pi} \int_{-\infty}^{\infty} f(y)\sin(yk) dy \right)] dk \end{aligned} \tag{6.7}$$

となり,フーリエ級数展開 (5.2),(5.3) に対応する表式になる.

フーリエ余弦,正弦変換:

$f(x)$ が偶関数のとき,式 (6.7) の $\cos(kx)$ 項のみ寄与する.$f(x)$ のフーリエ余弦変換 $F_c(k)$ を

$$F_c(k) = \sqrt{\frac{2}{\pi}} \int_0^{\infty} f(x)\cos(kx) dx \tag{6.8}$$

とする.また逆変換は

$$f(x) = \sqrt{\frac{2}{\pi}} \int_0^{\infty} F_c(k)\cos(kx) dk \tag{6.9}$$

となる.同様に $f(x)$ が奇関数のとき,フーリエ正弦変換 $F_s(k)$ は

$$F_s(k) = \sqrt{\frac{2}{\pi}} \int_0^{\infty} f(x)\sin(kx) dx \tag{6.10}$$

またその逆変換は,

$$f(x) = \sqrt{\frac{2}{\pi}} \int_0^{\infty} F_s(k)\sin(kx) dk \tag{6.11}$$

で与えられる.半区間 $0 \leq x < \infty$ で与えられた関数に,フーリエ正弦,余弦

変換を適用すると，そのフーリエ逆変換で得られる関数は，$f(x)$ を $x<0$ の領域にそれぞれ奇，偶関数として拡張したものになる．

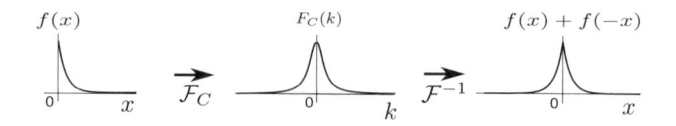

フーリエ変換の性質:

フーリエ変換，逆変換をそれぞれ，

$$F(k) = \mathcal{F}[f(x)](k) \ , \ f(x) = \mathcal{F}^{-1}[F(k)](x)$$

と表す．

(1) 線形性： a, b は定数．

$$\mathcal{F}[af(x) + bg(x)](k) = a\mathcal{F}[f(x)](k) + b\mathcal{F}[g(x)](k). \tag{6.12}$$

(2) 移動定理

$$\mathcal{F}[f(x-a)](k) = e^{-iak}\mathcal{F}[f(x)](k) \ ,$$
$$\mathcal{F}[e^{iax}f(x)](k) = \mathcal{F}[f(x)](k-a). \tag{6.13}$$

(3) スケール変換 （$a \neq 0$ とする）

$$\mathcal{F}[f(ax)](k) = \frac{1}{|a|}\mathcal{F}[f(x)]\left(\frac{k}{a}\right). \tag{6.14}$$

これらはフーリエ変換の定義に戻ると容易に確かめることができる．

さらに，微分方程式の解法に非常に役立つフーリエ変換の性質がある．

(4) たたみこみ [例題 17]:

関数 $f(x)$ と $g(x)$ の積分を用いて，新しい関数 $h(x)$ を生成する

$$h(x) = \int_{-\infty}^{\infty} f(x-y)g(y)dy \tag{6.15}$$

をたたみこみという．たたみこみを $h(x) = (f*g)(x)$ と表す．関数の順番を変えても $(f*g)(x) = (g*f)(x)$，得られる関数は同じである．f と g のたたみこみで与えられる関数のフーリエ変換は

$$\mathcal{F}[(f*g)(x)](k) = \sqrt{2\pi}\mathcal{F}[f(x)](k)\,\mathcal{F}[g(x)](k). \tag{6.16}$$

$f(x)$, $g(x)$ それぞれのフーリエ変換の積で与えられる．

(5) 導関数のフーリエ変換 [例題 18]:
$f(x)$ の n 階導関数 $(f'(x), f''(x), \cdots, f^{(n)}(x))$ までフーリエ変換が存在するとする．$f^{(n)}(x)$ のフーリエ変換は

$$\mathcal{F}[f^{(n)}(x)](k) = (ik)^n \mathcal{F}[f(x)](k) \tag{6.17}$$

で与えられる．微分の操作はフーリエ変換では (ik) のかけ算となる．逆に $x^n f(x)$ のフーリエ変換は，

$$\mathcal{F}[x^n f(x)](k) = i^n \frac{d^n}{dk^n} \mathcal{F}[f(x)](k) \tag{6.18}$$

で与えられる．$\frac{1}{i}\frac{d}{dx} \leftrightarrow k$ および $x \leftrightarrow i\frac{d}{dk}$ の対応関係がある．

Dirac のデルタ関数 $\boldsymbol{\delta(x)}$ [例題 19]:

連続関数 $f(x)$ に対して，フーリエ積分公式 (6.6) は

$$f(x) = \int_{-\infty}^{\infty} f(y)\delta(x-y)dy$$

$$\delta(x-y) = \frac{1}{2\pi}\int_{-\infty}^{\infty} e^{ik(x-y)}dk$$

と書ける．ここで導入した $\delta(x-y)$ は積分すると $x=y$ における値 $f(x)$ を取り出す働きをする．超関数とよばれるデルタ関数 $\delta(x)$ は，

$$\int_{-\infty}^{\infty} f(x)\delta(x)dx = f(0) \tag{6.19}$$

となる関数である．

デルタ関数を，関数列 $\{\delta_n(x)\}$ の極限として表す．

$$\lim_{n\to\infty}\int_{-\infty}^{\infty} \delta_n(x)f(x) = f(0) \tag{6.20}$$

たとえば，$\delta_n(x) = \frac{n}{\sqrt{\pi}}e^{-n^2 x^2}, \frac{\sin nx}{\pi x}$．また発展問題 8-3(1) の関係式は，積分に用いることを前提に

$$\frac{1}{x \pm i\epsilon} = \frac{P}{x} \pm i\pi\delta(x) \qquad (6.21)$$

と表すことができる．よって

$$\delta(x) = \lim_{\epsilon \to 0} \frac{1}{2\pi i}\left[\frac{1}{x-i\epsilon} - \frac{1}{x+i\epsilon}\right] = \frac{1}{\pi} \lim_{\epsilon \to 0} \frac{\epsilon}{x^2 + \epsilon^2}.$$

デルタ関数に関する，実用的な関係式をあげる．

$$\int_{-\infty}^{\infty} f(x)\delta(x-a)dx = f(a). \qquad (6.22)$$

$$\int_{-\infty}^{\infty} f(x)\delta(ax)dx = \frac{1}{|a|}f(0). \qquad (6.23)$$

$$\int_{-\infty}^{\infty} f(x)\delta(g(x))\,dx = \sum_{i=1}^{N} \frac{\delta(x-x_i)}{|g'(x_i)|}. \qquad (6.24)$$

x_i は $g(x)$ のゼロ点．$g'(x_i)$ はゼロでないとする．

$$\int_{-\infty}^{\infty} f(x)\frac{d}{dx}\delta(x)dx = -f'(0). \qquad (6.25)$$

例題 16　フーリエ変換

(1) 次の $f(x)$ のフーリエ変換を求めよ．$(a > 0)$

$$f(x) = \theta(a - |x|). \tag{6.26}$$

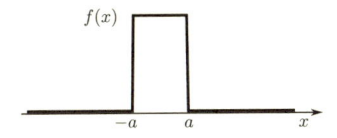

ここで $\theta(x)$ は

$$\theta(x) = \begin{cases} 1 & x > 0 \\ 0 & x < 0 \end{cases}$$

を表す．

(2) フーリエ積分公式を利用して

$$\frac{2}{\pi} \int_0^\infty \frac{\sin(ka)\cos(kx)}{k} dk = \begin{cases} 1 & |x| < a \\ \frac{1}{2} & |x| = a \\ 0 & |x| > a \end{cases} \tag{6.27}$$

を示せ．(ディリクレの不連続因子という．)

考え方

(2) では，(1) のフーリエ変換で得られる関数の逆変換を行う．その際，$f(x)$ は $|x| = a$ において不連続となることに注意する．

‖解答‖

(1) $f(x) = \theta(a - |x|)$ のフーリエ変換を行う．

$$F(k) = \frac{1}{\sqrt{2\pi}} \int_{-\infty}^\infty \theta(a - |x|) e^{-ikx} dx$$
$$= \frac{1}{\sqrt{2\pi}} \int_{-a}^a e^{-ikx} dx$$

ワンポイント解説

・$f(x)$ は $|x|=a$ で不連続である．

・$\theta(a-|x|) = 1 \quad |x| < a$
$\qquad\qquad = 0 \quad |x| > a$

$$
\begin{aligned}
&= \frac{1}{\sqrt{2\pi}} \frac{e^{-ika} - e^{ika}}{-ik} \\
&= \frac{1}{k}\sqrt{\frac{2}{\pi}} \sin(ka)
\end{aligned}
$$

と与えられる．

$f(x)$ は $-a < x < a$ の領域 $\Delta x = 2a$ に広がっている．$F(k)$ の広がりを，図のように，原点に近いゼロ点の間隔程度と評価すると $\Delta k = \dfrac{2\pi}{a}$．$\Delta x$ と Δk の広がりの積は，$\Delta x \Delta k = 4\pi$ と a によらず一定になり，お互い反比例の関係にある．

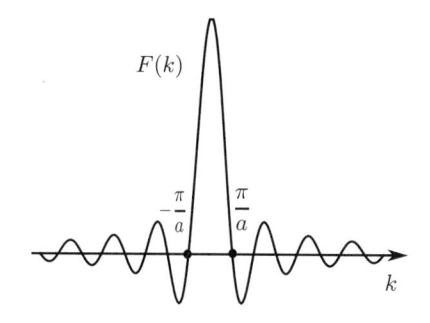

(2) $F(k)$ を用いてフーリエ逆変換を求めると

$$
\begin{aligned}
&\frac{1}{\sqrt{2\pi}} \int_{-\infty}^{\infty} F(k) e^{ikx} dk \\
&= \frac{1}{\pi} \int_{-\infty}^{\infty} \frac{\sin(ka) e^{ikx}}{k} dk \\
&= \frac{2}{\pi} \int_{0}^{\infty} \frac{\sin(ka) \cos(kx)}{k} dk
\end{aligned}
$$

積分値は，フーリエの積分公式より，$f(x)$ の連続点 $(|x| < a, |x| > a)$ では $f(x)$ に一致する．不連続点 $(x = |a|)$ では $f(x)$ の右，左極限値の平均値 $\dfrac{f(a+0) + f(a-0)}{2} = \dfrac{1}{2}$ となり，式 (6.27) が示された．

・$\dfrac{\sin(ka)}{k}$ は k に関して偶関数なので $\cos(kx)$ の項のみ残る．

・この関係式は，留数定理を用いて確かめることができる（発展問題 9-1）．

例題16の発展問題

16-1. 以下の関数のフーリエ変換を求めよ．
  (1) ガウス型の関数 $f(x) = e^{-a^2 x^2}$ $(a > 0)$
  (2) 波列
  $$f(t) = \begin{cases} \cos(\omega_0 t) & |t| < T \\ 0 & |t| > T \end{cases}$$

16-2. $f(t)$ のフーリエ変換を $F(\omega)$ とする．$f(t)$ を搬送波 $\cos(\omega_C t)$ で振幅変調した $f(t)\cos(\omega_C t)$ のフーリエ変換を求めよ．

16-3. $x > 0$ の領域で定義された関数 $f(x)$, $g(x)$ のフーリエ正弦変換をそれぞれ $F_s(k)$, $G_s(k)$ とする．$F_s(k)$ と $G_s(k)$ の積の逆フーリエ余弦変換は，$x > 0$ の領域で

$$\mathcal{F}_c^{-1}[F_s(k)G_s(k)](x) = \frac{1}{\sqrt{2\pi}} \int_0^\infty g(y)(f(x+y) - f^{(-)}(x-y))dy$$

と与えられることを示せ．
ここで $f^{(-)}(x)$ は $f(x)$ の奇関数として拡張した関数である．

$$f^{(-)}(x) = \begin{cases} f(x) & x > 0 \\ -f(-x) & x < 0 \end{cases}$$

例題 17 たたみこみ

(1) たたみこみで与えられる関数 $h(x)$ を求めよ.

$$h(x) = (f * g)(x) = \int_{-\infty}^{\infty} f(x-y)g(y)dy \tag{6.28}$$

$f(x)$ と $g(x)$ は以下に与えられる.

$$f(x) = e^{-x}\theta(x)$$
$$g(x) = \theta(x)\theta(1-x)$$

(2) $f(x)$ と $g(x)$ のフーリエ変換を $F(k), G(k)$ とする.また $h(x)$ のフーリエ変換を $H(k)$ とする.$H(k) = \sqrt{2\pi}F(k)G(k)$ を示せ.

(3) 次の積分方程式を満たす $y(x)$ を求めよ.

$$\int_{-\infty}^{\infty} \frac{y(u)}{(x-u)^2 + a^2} du = \frac{1}{x^2 + b^2} \tag{6.29}$$

ここで,$0 < a < b$.

考え方

たたみこみの積分では,以下が成り立つ.

$$(f * g)(x) = \int_{-\infty}^{\infty} f(x-y)g(y)dy$$
$$= \int_{-\infty}^{\infty} g(x-y)f(y)dy$$

積分方程式

$$y(x) = s(x) + \int_{-\infty}^{\infty} g(x-u)y(u)du$$

の解 $y(x)$ をフーリエ変換を用いて求める手順を考えてみる.y, s, g,それぞれのフーリエ変換を Y, S, G とする.積分方程式の両辺をフーリエ変換する.

$$Y(k) = S(k) + \sqrt{2\pi}G(k)Y(k)$$

より,解は $Y(k) = \dfrac{S(k)}{1 - \sqrt{2\pi}G(k)}$ と容易に得られる.次にフーリエ逆変

換により $y(x)$ が得られる．このように，微分方程式や積分方程式を，そのまま解くことが困難な場合には，一度フーリエ変換，フーリエ級数を用いて問題を書き換えると容易に解けることがある．

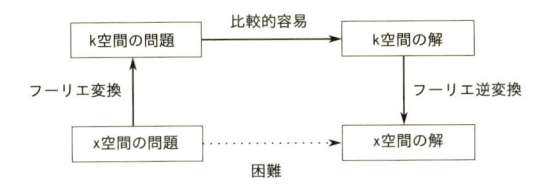

```
        比較的容易
k空間の問題 ─────────→ k空間の解
    ↑                    │
フーリエ変換              フーリエ逆変換
    │                    ↓
x空間の問題 ·············→ x空間の解
        困難
```

‖解答‖

(1) たたみこみ $(f*g)(x)$ は
$$h(x) = (f*g)(x)$$
$$= \int_{-\infty}^{\infty} g(x-y)f(y)dy$$
$$= \int_{0}^{\infty} g(x-y)e^{-y}dy.$$

ここで $g(x-y) = \theta(x-y)\theta(1-x+y)$ から $x-1 < y < x$ の区間で $g(x-y) = 1$ の値をもつ．

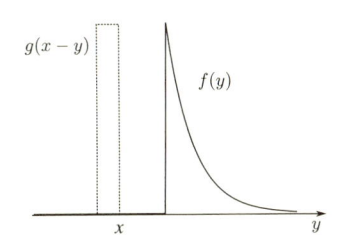

ワンポイント解説

・$f(y)$ は $\theta(y)$ を含むので $y>0$ の積分で書ける．

したがって，$x < 0$ では $(f*g)(x) = 0$.
$0 < x < 1$ では
$$(f*g)(x) = \int_{0}^{x} e^{-y}dy = 1 - e^{-x}.$$

$1 < x$ では
$$h(x) = \int_{x-1}^{x} e^{-y} dy = e^{-x}(e-1).$$

まとめると
$$h(x) = \left\{ \begin{array}{cc} 0 & x < 0 \\ 1 - e^{-x} & 0 < x < 1 \\ e^{-x}(e-1) & 1 < x \end{array} \right\}.$$

となり図のような関数形となる.

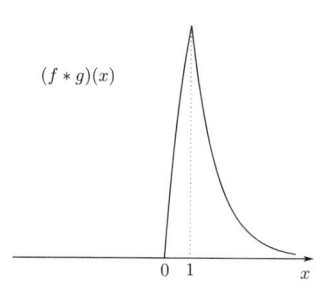

(2) たたみこみのフーリエ変換は,
$$H(k) = \frac{1}{\sqrt{2\pi}} \int_{-\infty}^{\infty} (\int_{-\infty}^{\infty} f(x-y)g(y)dy) e^{-ikx} dx$$
$$= \frac{1}{\sqrt{2\pi}} \int_{-\infty}^{\infty} \int_{-\infty}^{\infty} f(x-y) e^{-ik(x-y)} g(y) e^{-iky} dx dy$$

ここで積分変数を x を $u = x - y$ に変える.
u の積分範囲 $[-\infty - y, \infty - y]$ は $[-\infty, \infty]$ としてよい.

$H(k)$
$$= \frac{1}{\sqrt{2\pi}} (\int_{-\infty}^{\infty} f(u) e^{-iku} du)(\int_{-\infty}^{\infty} g(y) e^{-iky} dy)$$
$$= \sqrt{2\pi} F(k) G(k).$$

(3) 式 (6.29) 右辺のフーリエ変換は,

$$\frac{1}{\sqrt{2\pi}}\int_{-\infty}^{\infty}\frac{e^{-ikx}}{x^2+b^2}dx = \frac{1}{\sqrt{2\pi}}\int_{-\infty}^{\infty}\frac{\cos(kx)}{x^2+b^2}dx$$
$$= \frac{1}{\sqrt{2\pi}}\frac{\pi}{b}e^{-b|k|} \quad (6.30)$$

・最後に複素積分例題9の結果を用いた.

y のフーリエ変換を $Y(k)$ とする．積分方程式 (6.29) の両辺をフーリエ変換すると，
$$\sqrt{2\pi}Y(k)\frac{1}{\sqrt{2\pi}}\frac{\pi}{a}e^{-a|k|} = \frac{1}{\sqrt{2\pi}}\frac{\pi}{b}e^{-b|k|}.$$

よって
$$Y(k) = \frac{1}{\sqrt{2\pi}}\frac{a}{b}e^{-(b-a)|k|}$$
$$= \left(\frac{a(b-a)}{b\pi}\right)\left[\frac{1}{\sqrt{2\pi}}\frac{\pi}{b-a}e^{-(b-a)|k|}\right]$$

が得られる．式 (6.30) のフーリエ逆変換を参考にし，
$$y(x) = \left(\frac{a(b-a)}{b\pi}\right)\frac{1}{x^2+(b-a)^2}$$

が得られた．

例題 17 の発展問題

17-1. 以下の積分方程式を満たす $f(x)$ を求めよ．
$$\int_0^{\infty} f(x-y)e^{-y}dy = xe^{-x}\theta(x).$$

17-2. $f(x)$ のフーリエ変換を $F(k)$ とする．また，$\int_{-\infty}^{\infty}|f(x)|^2 dx < \infty$ とする．
$$\int_{-\infty}^{\infty}|f(x)|^2 dx = \int_{-\infty}^{\infty}|F(k)|^2 dk$$
を示せ．

17-3. $f(x)$ のフーリエ変換を $F(k)$ とする．$|k|>K$ の領域を切断した関数 $F(k)\theta(K-|k|)$ のフーリエ逆変換を求めよ．

例題18　偏微分方程式への応用

$u(x,t)$ は，$-\infty < x < \infty$，$0 < t$ の領域で次の偏微分方程式を満たし，

$$\frac{\partial u}{\partial t} = \alpha \frac{\partial^2 u}{\partial x^2}. \tag{6.31}$$

ここで $\alpha > 0$ とし，$t = 0$ における初期条件 $u(x,0) = f(x)$ とする．フーリエ変換を利用し，$f(x)$ を用いて解を表せ．

考え方

$u(x,t)$ の x に関するフーリエ変換を $U(k,t)$ とする．偏微分方程式のフーリエ変換を行い，k をパラメータとした t に対する常微分方程式を導く．次に初期条件を満たす $U(k,t)$ の解を求め，これからフーリエ逆変換により $u(x,t)$ を得る．

‖解答‖

$u(x,t)$ のフーリエ変換を $U(k,t)$ とする．

$$U(k,t) = \frac{1}{\sqrt{2\pi}} \int_{-\infty}^{\infty} u(x,t) e^{-ikx} dx.$$

$\dfrac{\partial^2 u}{\partial x^2}$ のフーリエ変換は $-k^2 U(k,t)$ となり，$U(k,t)$ の満たす微分方程式は，偏微分方程式の両辺をフーリエ変換することにより

$$\frac{dU(k,t)}{dt} = -k^2 \alpha U(k,t)$$

となる．これは k をパラメータとする t に関する1階の常微分方程式で $U(k,0)$ を用いて

$$U(k,t) = e^{-\alpha k^2 t} U(k,0)$$

と得られる．

$$U(k,0) = \frac{1}{\sqrt{2\pi}} \int_{-\infty}^{\infty} u(x,0) e^{-ikx} dx$$

に初期条件を用いると

ワンポイント解説

・一般に $\frac{d}{dt}X = \alpha X$
　$x = e^{\alpha t} X(0)$

$$U(k,t) = e^{-\alpha k^2 t} \frac{1}{\sqrt{2\pi}} \int_{-\infty}^{\infty} f(y) e^{-iky} dy$$

となる．求める $u(x,t)$ は $U(k,t)$ のフーリエ逆変換により

$$\begin{aligned} u(x,t) &= \frac{1}{\sqrt{2\pi}} \int_{-\infty}^{\infty} U(k,t) e^{ikx} dk \\ &= \frac{1}{2\pi} \int_{-\infty}^{\infty} e^{ikx - \alpha k^2 t} \left(\int_{-\infty}^{\infty} f(y) e^{-iky} dy \right) dk \end{aligned}$$

と与えられる．

$$u(x,t) = \frac{1}{2\pi} \int_{-\infty}^{\infty} f(y) \left(\int_{-\infty}^{\infty} e^{-\alpha k^2 t + ik(x-y)} dk \right) dy$$

として，k 積分を先に実行する．これはガウス型関数のフーリエ積分となり，

$$u(x,t) = \frac{1}{2\sqrt{\alpha \pi t}} \int_{-\infty}^{\infty} e^{-\frac{(x-y)^2}{4\alpha t}} f(y) dy$$

と与えられる．

例として，簡単のために $t=0$ の分布を $f(y) = \delta(y)$ とすると

$$u(x,t) = \frac{1}{2\sqrt{\alpha \pi t}} e^{-\frac{x^2}{4\alpha t}}$$

となる．図のように $t=0$ において $x=0$ に集中していた分布は時間の経過とともに拡がっていく．

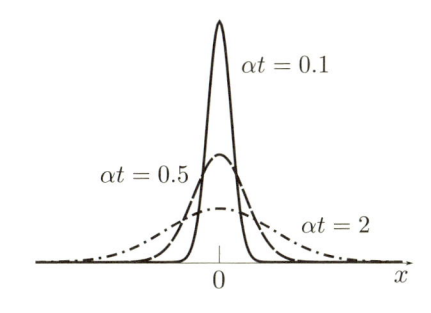

例題 18 の発展問題

18-1. 次の微分方程式の解（非斉次方程式の特解）をフーリエ変換を用いて調べる．

$$\frac{d^2x}{dt^2} + 2\alpha\frac{dx}{dt} + \omega_0^2 x = f(t)$$

ここで $\omega_0 > \alpha > 0$ とする．

(1) $x(t), f(t)$ のフーリエ変換をそれぞれ $X(\omega), F(\omega)$ とする．

$$X(\omega) = \sqrt{2\pi}G(\omega)F(\omega)$$

と表されることを示し，$G(\omega)$ を求めよ．

(2) $g(t) = \dfrac{1}{\sqrt{2\pi}}\displaystyle\int_{-\infty}^{\infty} G(\omega)e^{i\omega t}d\omega$ とすると $x(t)$ は，

$$x(t) = \int_{-\infty}^{\infty} g(t-t')f(t')dt'$$

と与えられることを示せ．

(3) 留数定理を利用して $g(t)$ を求めよ．

例題 19　ディラックのデルタ関数

図のような関数

$$\delta_\epsilon(x) = \frac{1}{2\epsilon}\theta(\epsilon - |x|) \tag{6.32}$$

を考える．ここで $\epsilon > 0$．

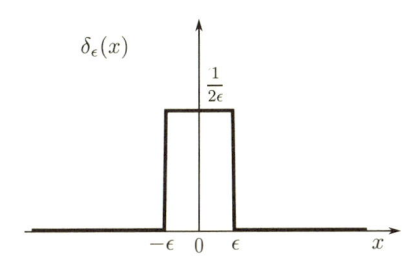

この関数を用いて以下を示せ．

(1) $\displaystyle\lim_{\epsilon \to 0}\int_{-\infty}^{\infty} f(x)\delta_\epsilon(x)dx = f(0)$.

(2) $\displaystyle\lim_{\epsilon \to 0}\int_{-\infty}^{\infty} f(x)\delta_\epsilon(ax)dx = \frac{1}{|a|}f(0)$.

(3) $\displaystyle\lim_{\epsilon \to 0}\int_{-\infty}^{\infty} f(x)\delta_\epsilon(x^2 - a^2)dx = \frac{1}{2|a|}[f(-a) + f(a)]$.

考え方
デルタ関数の基本的関係式を，扱いやすい関数の極限を用いて調べる．

‖解答‖

(1)
$$I_\epsilon = \int_{-\infty}^{\infty} f(x)\delta_\epsilon(x)dx = \frac{1}{2\epsilon}\int_{-\epsilon}^{\epsilon} f(x)dx$$
$$= f(\zeta).$$

ここで $-\epsilon < \zeta < \epsilon$．

$$\lim_{\epsilon \to 0} I_\epsilon = \lim_{\epsilon \to 0} f(\zeta) = f(0).$$

$\displaystyle\lim_{\epsilon \to 0}\delta_\epsilon(x)$ はデルタ関数を表す．

ワンポイント解説

・平均値の定理

(2) $\delta(ax) = \dfrac{1}{|a|}\delta(x)$:
$$I_\epsilon = \int_{-\infty}^{\infty} f(x)\delta_\epsilon(ax)dx$$
$$= \frac{1}{2\epsilon}\int_{-\frac{\epsilon}{|a|}}^{\frac{\epsilon}{|a|}} f(x)dx$$
$$= \frac{1}{2\epsilon}\frac{2\epsilon}{|a|}f(\zeta).$$

ここで $-\dfrac{\epsilon}{|a|} < \zeta < \dfrac{\epsilon}{|a|}$. よって,
$$\lim_{\epsilon \to 0} I_\epsilon = \frac{1}{|a|}f(0)$$

・$\delta(x)$ は偶関数である．

・$\theta(\epsilon - |ax|)$ より積分範囲は
$-\dfrac{\epsilon}{|a|} \leq x \leq \dfrac{\epsilon}{|a|}$

(3) $\delta(x^2 - a^2) = \dfrac{1}{2|a|}[\delta(x-a) + \delta(x+a)]$:
$$I_\epsilon = \int_{-\infty}^{\infty} f(x)\delta_\epsilon(x^2 - a^2)dx$$
$$= \frac{1}{2\epsilon}\int_{-\infty}^{\infty} f(x)\theta(\epsilon - |x^2 - a^2|)dx.$$

ここで $\epsilon - |x^2 - a^2| > 0$ の領域が積分に寄与する．

$|x| > |a|$ のとき，$\epsilon - x^2 + a^2 > 0$ より，
$-\sqrt{a^2 + \epsilon} < x < -|a|$ および $|a| < x < \sqrt{a^2 + \epsilon}$.

$|x| < |a|$ のとき，$\epsilon + x^2 - a^2 > 0$ より，
$-|a| < x < -\sqrt{a^2 - \epsilon}$ および $\sqrt{a^2 - \epsilon} < x < |a|$.

よって
$$I_\epsilon = \frac{1}{2\epsilon}[\int_{-\sqrt{a^2+\epsilon}}^{-\sqrt{a^2-\epsilon}} f(x)dx + \int_{\sqrt{a^2-\epsilon}}^{\sqrt{a^2+\epsilon}} f(x)dx]$$
$$= \frac{\sqrt{a^2+\epsilon} - \sqrt{a^2-\epsilon}}{2\epsilon}[f(\zeta_1) + f(\zeta_2)].$$

ここで $-\sqrt{a^2+\epsilon} < \zeta_1 < -\sqrt{a^2-\epsilon}$, $\sqrt{a^2-\epsilon} < \zeta_2 < \sqrt{a^2+\epsilon}$. よって
$$\lim_{\epsilon \to 0} I_\epsilon = \frac{1}{2|a|}[f(-a) + f(a)].$$

・$\lim_{\epsilon \to 0} \dfrac{\sqrt{a^2+\epsilon} - \sqrt{a^2-\epsilon}}{2\epsilon}$
$= \dfrac{1}{2|a|}$

例題 19 の発展問題

19-1. デルタ関数 $\delta(x)$ のフーリエ変換を与えよ．またフーリエ逆変換より $\delta(x) = \frac{1}{2\pi} \int_{-\infty}^{\infty} e^{ikx} dk$ と表されることを示せ．

19-2. 不連続である階段関数 $\theta(x)$ の微分：$\frac{d}{dx}\theta(x) = \delta(x)$ が成り立つことを以下の 2 通りの方法で示せ．

(1) 以下の積分を示す．
$$\int_{-X}^{X} f(x) \frac{d\theta(x)}{dx} dx = f(0)$$

$X > 0$ とする．

(2) 発展問題 9-3 で調べた $\theta(x)$ の表式を用いる．
$$\theta(x) = \lim_{\epsilon \to +0} \frac{1}{2\pi i} \int_{-\infty}^{\infty} \frac{e^{ixs}}{s - i\epsilon} ds$$

19-3. 1 次元における質点の運動は，以下の方程式で記述される．
$$m\frac{d^2 x}{dt^2} = F(t)$$

$t = 0$ に撃力 $F(t) = I\delta(t)$ が働いた．撃力が働く前後の時刻 t_1, t_2 ($t_1 < 0 < t_2$) における，運動量の差 $p(t_2) - p(t_1)$ を求めよ．

例題 20　3次元のフーリエ変換

3次元ポアソンの方程式の解を求める．

$$\Delta \phi(\boldsymbol{r}) = -s(\boldsymbol{r}). \tag{6.33}$$

ここで，$\Delta = [\dfrac{\partial^2}{\partial x^2} + \dfrac{\partial^2}{\partial y^2} + \dfrac{\partial^2}{\partial z^2}]$，また ϕ, s は 3 次元 (x, y, z) の関数で $\phi(\boldsymbol{r}) = \phi(x, y, z)$，$s(\boldsymbol{r}) = s(x, y, z)$ を表す．

(1) 以下のポアソンの方程式を満たす $g(\boldsymbol{r})$ を求めよ．

$$\Delta g(\boldsymbol{r}) = -\delta(\boldsymbol{r}) \tag{6.34}$$

ここで3次元のデルタ関数は $\delta(\boldsymbol{r}) = \delta(x)\delta(y)\delta(z)$ を表す．

(2) $g(\boldsymbol{r})$ を用いて，$\phi(\boldsymbol{r})$ は

$$\phi(\boldsymbol{r}) = \int g(\boldsymbol{r} - \boldsymbol{u})s(\boldsymbol{u})d\boldsymbol{u} \tag{6.35}$$

と表され，

$$\phi(\boldsymbol{r}) = \int \frac{s(\boldsymbol{u})}{4\pi|\boldsymbol{r} - \boldsymbol{u}|}d\boldsymbol{u} \tag{6.36}$$

となることを示せ．ここで積分要素 $d\boldsymbol{u} = du_x du_y du_z$，ベクトルの長さ $|\boldsymbol{r}| = \sqrt{x^2 + y^2 + z^2}$ を表す．

考え方

s は電荷密度，ϕ は静電ポテンシャルに対応している．式 (6.36) は，与えられた電荷密度より，静電ポテンシャルを得る表式である．(1) は点電荷が原点にあるときの静電ポテンシャルを与える．(2) では，静電ポテンシャルが，点電荷の重ね合わせにより与えられる．

ここでは式 (6.33) の特解を求める．

解答

(1) $g(\boldsymbol{r}), \delta(\boldsymbol{r})$ のフーリエ逆変換を用いる.

$$g(\boldsymbol{r}) = \frac{1}{(2\pi)^3} \int G(\boldsymbol{k}) e^{i(k_x x + k_y y + k_z z)} d\boldsymbol{k}$$

$$\delta(\boldsymbol{r}) = \frac{1}{(2\pi)^3} \int e^{i(k_x x + k_y y + k_z z)} d\boldsymbol{k}$$

ここで $k_x x + k_y y + k_z z = \boldsymbol{k} \cdot \boldsymbol{r}$ とベクトルの内積を用いて表す. 式 (6.34) に代入すると,

$$\Delta \frac{1}{(2\pi)^3} \int G(\boldsymbol{k}) e^{i\boldsymbol{k} \cdot \boldsymbol{r}} d\boldsymbol{k}$$

$$= \frac{1}{(2\pi)^3} \int (-k^2) G(\boldsymbol{k}) e^{i\boldsymbol{k} \cdot \boldsymbol{r}} d\boldsymbol{k}$$

$$= -\frac{1}{(2\pi)^3} \int e^{i\boldsymbol{k} \cdot \boldsymbol{r}} d\boldsymbol{k}$$

より $G(\boldsymbol{k}) = \frac{1}{k^2}$ が得られ,

$$g(\boldsymbol{r}) = \frac{1}{(2\pi)^3} \int \frac{1}{k^2} e^{i\boldsymbol{k} \cdot \boldsymbol{r}} d\boldsymbol{k}$$

となる. $\boldsymbol{k}$ と $\boldsymbol{r}$ のなす角度を θ, $k = |\boldsymbol{k}|$, $r = |\boldsymbol{r}|$ とする. 極座標を用いて積分する.

$$g(\boldsymbol{r})$$
$$= \frac{1}{(2\pi)^3} \int_0^\infty k^2 dk \int_0^{2\pi} d\phi \int_0^\pi \sin\theta d\theta \frac{e^{ikr\cos\theta}}{k^2}$$
$$= \frac{1}{(2\pi)^3} (2\pi) \int_0^\infty dk \int_{-1}^1 d(\cos\theta) e^{ikr\cos\theta}$$
$$= \frac{4\pi}{(2\pi)^3} \int_0^\infty dk \frac{\sin(kr)}{kr}$$
$$= \frac{1}{4\pi r}$$

が得られる.

(2) $s(\boldsymbol{r}) = \int \delta(\boldsymbol{r} - \boldsymbol{u}) s(\boldsymbol{u}) d\boldsymbol{u}$ と書き直すと

$$\Delta \phi(\boldsymbol{r}) = -\int \delta(\boldsymbol{r} - \boldsymbol{u}) s(\boldsymbol{u}) d\boldsymbol{u}$$

ワンポイント解説

・Δ は $e^{i\boldsymbol{k}\cdot\boldsymbol{r}}$ の $\boldsymbol{r}$ を微分する.

・$k^2 = k_x^2 + k_y^2 + k_z^2 = |\boldsymbol{k}|^2$.

・$\int_0^\infty dx \frac{\sin x}{x} = \frac{\pi}{2}$ を用いた.

$g(\bm{r}-\bm{u})$ は $\Delta g(\bm{r}-\bm{u}) = -\delta(\bm{r}-\bm{u})$ を満たすので,$\phi(\bm{r})$ は重ね合わせの原理を用いて

$$\phi(\bm{r}) = \int g(\bm{r}-\bm{u})s(\bm{u})d\bm{u}$$
$$= \int \frac{1}{4\pi|\bm{r}-\bm{u}|}s(\bm{u})d\bm{u}$$

が得られる.

例題 20 の発展問題

20-1. 関数 $f(r) = \dfrac{1}{\sqrt{(a_0\pi)^3}}e^{-\frac{r}{a_0}}$ のフーリエ変換

$$F(k_x, k_y, k_z) = \int\int\int dxdydz f(x,y,z) e^{-i(k_x x + k_y y + k_z z)}$$

を求めよ.ここで $r = \sqrt{x^2+y^2+z^2}$. とする.

(ヒント:$a_0 = \dfrac{\hbar^2}{me^2}$ とすると,$f(r)$ は量子力学で学ぶ水素原子の基底状態の波動関数を表す.)

7 直交関数系

重要度 ★★★

―――《 内容のまとめ 》―――

直交関数系:

$f(x), g(x)$ は区間 $a \leq x \leq b$ における実数を変数とし，複素数の値をとる関数である．関数 $f(x), g(x)$ の内積を定義する．

$$(f, g) = \int_a^b \bar{f}(x) g(x) dx. \tag{7.1}$$

ここで，$\bar{f}(x)$ は複素共役．内積がゼロ $(f,g) = 0$ のとき，f と g は直交するという．また $(f,f) = \int_a^b |f(x)|^2 dx = 1$ のとき，f は正規化されているという．

フーリエ級数に用いた関数系 $\{\phi_n\}$

$$\phi_n(x) = \left\{ \frac{1}{\sqrt{2L}}, \frac{1}{\sqrt{L}} \cos(\frac{\pi}{L} x), \frac{1}{\sqrt{L}} \sin(\frac{\pi}{L} x), \cdots \right\}$$

$$\phi_n(x) = \left\{ \frac{1}{\sqrt{2L}}, \frac{e^{i\frac{\pi}{L}x}}{\sqrt{2L}}, \frac{e^{-i\frac{\pi}{L}x}}{\sqrt{2L}}, \cdots \right\}$$

は，$(\phi_n, \phi_m) = \delta_{n,m}$ を満たし，**正規直交関数系**という．次の章で扱うルジャンドル多項式をはじめ，特殊関数とよばれる，エルミート (Hermite)，ラゲール (Laguerre)，チェビシェフ (Tschebyscheff) 多項式は直交系を作る．

フーリエ級数展開のように，関数 $f(x)$ を直交関数系 $\{\phi_n\}$ で展開する．

$$\sum_{n=1}^{\infty} c_n \phi_n(x) \tag{7.2}$$

ここで，

$$c_n = (\phi_n, f) = \int_a^b \bar{\phi}_n(x) f(x) dx \tag{7.3}$$

c_n を一般化したフーリエ係数という．

$f(x)$ の近似関数を $S_N(x) = \displaystyle\sum_{n=1}^{N} d_n \phi_n(x)$ とする．平均 2 乗誤差

$$E_N = \int_a^b |f(x) - S_N(x)|^2 dx \tag{7.4}$$

を最小にする近似関数は係数を $d_n = c_n$ とフーリエ係数としたときである．

$\displaystyle\lim_{N \to \infty} E_N = 0$ が成り立つとき，$\{\phi_n\}$ は**完全**（完全系）である．

また，式 (7.2) が一様収束するとき

$$f(x) = \sum_{n=1}^{\infty} c_n \phi_n(x) \tag{7.5}$$

が成り立つ．

ストゥルム・リュヴィル型微分方程式 [例題 21][1]

次のように表される 2 階線形微分方程式をストゥルム・リュヴィル (Sturm-Liouville) 型微分方程式という．

$$\frac{d}{dx}\left(p(x)\frac{dy(x)}{dx}\right) + q(x)y(x) + \lambda r(x)y(x) = 0. \tag{7.6}$$

第 8, 9 章で調べる，ルジャンドル，ベッセルの微分方程式はストゥルム・リュヴィル型である．

微分演算子 $\mathcal{L}$

$$\mathcal{L} = \frac{d}{dx}\left(p(x)\frac{d}{dx}\right) + q(x) \tag{7.7}$$

を導入すると

$$\mathcal{L}y(x) = -\lambda r(x) y(x) \tag{7.8}$$

と表される．いま区間を $a \leq x \leq b$ とする．ここで p, q, r は実数とする．$a < x < b$ で $p(x)$ はゼロにならないとする．ただし，区間の端でゼロになる場合

---

[1] 参考文献 [13]，数理物理学の方法（クーラン・ヒルベルト）

はある．このとき，
$$\int_a^b \bar{f}(x)\mathcal{L}g(x)dx = \int_a^b g(x)\mathcal{L}\bar{f}(x)dx + [p(\bar{f}g' - \bar{f}'g)]_a^b \tag{7.9}$$
が成り立つ．

$x = a, b$ において**境界条件**
$$[p(\bar{f}g' - \bar{f}'g)]_a^b = 0 \tag{7.10}$$
を課すと，
$$\int_a^b \bar{f}(x)\mathcal{L}g(x)dx = \int_a^b g(x)\mathcal{L}\bar{f}(x) \tag{7.11}$$
となる．このとき $\mathcal{L}$ はエルミート演算子とよばれる．

この境界条件は，固定端 $y(a) = y(b) = 0$ や自由端 $y'(a) = y'(b) = 0$ のとき満たされる．また $x = a$ あるいは $x = b$ で $p = 0$ となり，微分方程式の特異点となるときも，y が有界を要求すると境界条件が満たされる．

境界条件を課すと，特別な $\lambda = \lambda_n$ に対して解 $y = y_n$ が得られる．
$$\mathcal{L}y_n(x) = -\lambda_n r(x) y_n(x). \tag{7.12}$$
この λ_n を**固有値**といい，そのときの y_n を**固有関数**という．

エルミート演算子の固有値と固有関数については
- 固有値は実数．
- 異なる固有値に属する固有関数は直交する．
- 固有関数系は完全である．

という重要な性質がある．

例題 21　スツルム・リュヴィル型微分方程式

スツルム・リュヴィル型微分方程式である
$$\frac{d^2y}{dx^2} = -\lambda y(x)$$
の解を調べる．$0 \leq x \leq L$ $(l \geq 0)$ において $y(0) = y(L) = 0$ の境界条件を満たす固有値と規格化された固有関数を求めよ．

考え方

一般に定数係数の線形常微分方程式の解は，$y = e^{\alpha x}$ を仮定し λ を決めるという手順で求める．$\frac{dy}{dx} = \alpha y$，$\frac{d^2y}{dx^2} = \alpha^2 y$ より $\alpha^2 = -\lambda$ から α が決まる．また $y(0) = y(L) = 0$ の境界条件は式 (7.10) を満たす．

解答

（$\lambda = 0$ のとき）
$y = ax + b$ (a, b は定数) となり，境界条件から $a = b = 0$，恒常的にゼロとなる自明な解であり興味はない．

（$\lambda < 0$ のとき）
$\lambda = -k^2$ $(k > 0)$ とおくと $y = ae^{kx} + be^{-kx}$ となり，境界条件から $a = b = 0$ となる．

（$\lambda > 0$ のとき）
$\lambda = k^2$ $(k > 0)$ とおくと
$$y = a \sin kx + b \cos kx$$
$y(0) = 0$ より $b = 0$，$y(L) = 0$ より $\sin kL = 0$．
したがって，$kL = n\pi (n = 1, 2, \cdots)$．
固有値は $\lambda_n = \left(\frac{n\pi}{L}\right)^2$ となる．
また $\int_0^L \sin^2(\frac{n\pi}{L}x)dx = \frac{L}{2}$ より，規格化された固有関数は
$$y_n = \sqrt{\frac{2}{L}} \sin(\frac{n\pi}{L}x)$$

ワンポイント解説

・$y = e^{ikx}, e^{-ikx}$
これは
$y = \sin kx, \cos kx$
で書ける．

で与えられる．y_n は $x = 0, L$ でゼロになる．$n-1$ は両端以外のゼロ点（$y_n = 0$ となる x）の数となる．

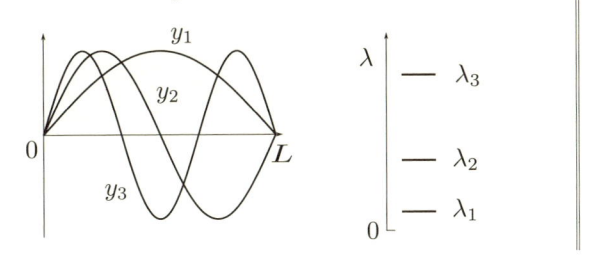

例題 21 の発展問題

21-1. $0 \leq \phi \leq 2\pi$ において微分方程式
$$\frac{d^2 y}{d\phi^2} = -\lambda y$$

および境界条件 $y(0) = y(2\pi)$ を満たす，規格化された固有関数と固有値 λ を求めよ．

21-2. 微分演算子 $\mathcal{L}$ を
$$\mathcal{L} = \frac{d}{dx}\left(p(x)\frac{d}{dx}\right) + q(x)$$

とする．u_n, u_m は境界条件 $[p(\bar{u}_m u'_n - \bar{u}'_m u_n)]_a^b = 0$ を満たす，異なる固有値 λ_n, λ_m の固有関数とする．重み関数を $r(x)$ とし，
$$\mathcal{L}u_n = -\lambda_n r(x) u_n(x).$$

(1) 固有値が実数となることを示せ．
(2) 直交性を示せ．
$$\int_a^b \bar{u}_m(x) u_n(x) r(x) dx = 0$$

8 ルジャンドル多項式

重要度 ★★★★

―――《 内容のまとめ 》―――

　ルジャンドル多項式は，電磁気学における静電ポテンシャルの多重極展開や量子力学における角運動量などに現れ，重要な役割を演じる関数である．

ルジャンドル多項式 [例題 23]:

　ルジャンドル (**Legendre**) 多項式 $P_n(x)$ (n はゼロまたは正の整数) は $|2hx| + |x^2| < 1$ のとき，次の展開式で定義される．

$$\Phi(x, h) = \frac{1}{(1 - 2xh + h^2)^{\frac{1}{2}}}$$
$$= P_0(x) + P_1(x)h + P_2(x)h^2 + P_3(x)h^3 + \cdots. \quad (8.1)$$

$\Phi(x, h)$ を，ルジャンドル多項式の母関数という．ルジャンドル多項式は $P_0(x) = 1, P_1(x) = x, \ldots$ など，一般に x の n 次の多項式である．

$$P_n(x) = \sum_{m=0}^{[\frac{n}{2}]} \frac{(-1)^m (2n - 2m)!}{2^n m!(n-m)!(n-2m)!} x^{n-2m}. \quad (8.2)$$

ここで $[\frac{n}{2}]$ は，n が偶数（奇数）のとき $\frac{n}{2}$ $\left(\frac{n-1}{2}\right)$ である．

ロドリゲスの公式:

　ロドリゲス（**Rodrigues**）の公式は

$$P_n(x) = \frac{1}{2^n n!} \frac{d^n}{dx^n} (x^2 - 1)^n \quad (8.3)$$

とルジャンドル多項式を与える．

8 ルジャンドル多項式

微分方程式 [例題 22]:

ルジャンドル多項式は $-1 \leq x \leq 1$ においてルジャンドルの微分方程式

$$\left((1-x^2)\frac{d^2}{dx^2} - 2x\frac{d}{dx} + n(n+1)\right) P_n(x) = 0 \tag{8.4}$$

を満足する，$|x| = 1$ で有界な解である．

ルジャンドル多項式の性質 [例題 24]:

偶奇性（パリティ）：n が偶数（奇数）のとき，P_n は偶（奇）関数になる．

$$P_n(-x) = (-1)^n P_n(x). \tag{8.5}$$

漸化式：

$$(2n+1)xP_n(x) = (n+1)P_{n+1}(x) + nP_{n-1}(x) \tag{8.6}$$

$$(n+1)P_n = P'_{n+1} - xP'_n. \tag{8.7}$$

このほかにも様々な漸化式を導くことができる．

直交規格化積分：

ルジャンドル多項式の積分は

$$\int_{-1}^{1} P_n(x) P_m(x) dx = \delta_{m,n} \frac{2}{2m+1} \tag{8.8}$$

となる．異なる次数のルジャンドル多項式は直交する．

ルジャンドル展開 [例題 25]:

ルジャンドル多項式 P_n を用いて区間 $-1 \leq x \leq 1$ の連続関数 $f(x)$ は

$$f(x) = \sum_{n=0}^{\infty} a_n P_n(x), \quad a_n = \frac{2n+1}{2} \int_{-1}^{1} f(x) P_n(x) dx \tag{8.9}$$

とルジャンドル展開される．

ルジャンドル陪関数:

ルジャンドル陪関数 $P_n^m(x)$（m は $|m| \leq n$ の整数）は

$$\left((1-x^2)\frac{d^2}{dx^2} - 2x\frac{d}{dx} + n(n+1) - \frac{m^2}{1-x^2}\right) P_n^m(x) = 0 \tag{8.10}$$

を満たす．$P_n^m(x)$ は $0 \leq m \leq n$ に対して P_n の微分で表される．

$$P_n^m(x) = (1-x^2)^{\frac{m}{2}} \frac{d^m}{dx^m} P_n(x). \tag{8.11}$$

微分方程式には m^2 として現れるので，負の $m = -n, -n+1, ..., -1$ も解である．ロドリゲスの公式を用いると，

$$P_n^m(x) = \frac{1}{2^n n!} (1-x^2)^{\frac{m}{2}} \frac{d^{n+m}}{dx^{n+m}} (x^2-1)^n \tag{8.12}$$

と表され，この表式は m の符号に関わりなく成立する．両者には，次の関係が成り立つ．

$$P_n^{-m}(x) = (-1)^m \frac{(n-m)!}{(n+m)!} P_n^m(x). \tag{8.13}$$

ルジャンドル陪関数の積分は

$$\int_{-1}^{1} P_l^m P_n^m dx = \frac{2}{2l+1} \frac{(l+m)!}{(l-m)!} \delta_{l,n} \tag{8.14}$$

となる．同一の m で l, n の異なる関数は直交する．

球面調和関数 [例題 26]:

　球面調和関数 $Y_{l,m}(\theta, \phi)$ は，極座標で表した関数の角度 (θ, ϕ) 依存性を特徴付ける関数である．球面調和関数はルジャンドル陪関数を用いて表される．

$$Y_{l,m}(\theta, \phi) = (-1)^m \sqrt{\frac{(2l+1)(l-m)!}{4\pi(l+m)!}} P_l^m(\cos\theta) e^{im\phi}. \tag{8.15}$$

ここで，ルジャンドル陪関数 $P_n^m(x)$ は $x = \cos\theta$ の関数で，$(1-x^2)^{\frac{1}{2}} = \sin\theta$ を含み，$\cos\theta$ の多項式ではない．球面調和関数とその複素共役 $\bar{Y}_{l,m}$ の積を全立体角で積分すると，

$$\int_0^{\pi} \sin\theta d\theta \int_0^{2\pi} d\phi \bar{Y}_{l',m'}(\theta,\phi) Y_{l,m}(\theta,\phi) = \delta_{l',l} \delta_{m',m} \tag{8.16}$$

となる．$Y_{l,m}$ は正規直交系をなす．

例題 22 微分方程式

3次元のヘルムホルツ方程式

$$(\Delta + k^2)u(x,y,z) = \left(\frac{\partial^2}{\partial x^2} + \frac{\partial^2}{\partial y^2} + \frac{\partial^2}{\partial z^2} + k^2\right)u(x,y,z) = 0 \quad (8.17)$$

を変数分離の方法を用いて解く．ここでは極座標 ($x = r\sin\theta\cos\phi, y = r\sin\theta\sin\phi, z = r\cos\theta$) を用いる．

ラプラシアン Δ は極座標で，

$$\Delta = \frac{1}{r^2}\left(\frac{\partial}{\partial r}\left(r^2\frac{\partial}{\partial r}\right) + \frac{1}{\sin\theta}\frac{\partial}{\partial \theta}\left(\sin\theta\frac{\partial}{\partial \theta}\right) + \frac{1}{\sin^2\theta}\frac{\partial^2}{\partial \phi^2}\right) \quad (8.18)$$

と表される．

(1) $u(r,\theta,\phi) = Y(\theta,\phi)R(r)$ を用いて，$Y(\theta,\phi)$ および $R(r)$ が満たす方程式を導け．

(2) 得られた Y に対する方程式から，$Y(\theta,\phi) = \Theta(\theta)\Phi(\phi)$ を用いて Θ および Φ が満たす方程式を導け．

(3) 極座標で表した 2 点 $(r,\theta,\phi=0)$ と $(r,\theta,\phi=2\pi)$ は同じ 3 次元空間の点を表す．そこで，$\Phi(0) = \Phi(2\pi)$ を要求する．このとき，Φ が満たす方程式に現れる定数を求めよ．

(4) $\Phi(\phi)$ が定数の場合，Θ が満たす方程式から，ルジャンドルの微分方程式が導かれることを示せ．

$$\left(\frac{d}{dx}((1-x^2)\frac{d}{dx}) + \alpha\right)\Theta = 0$$

α は定数．

考え方

変数分離による偏微分方程式の解法を例題 15 で学んだ．ここでは 3 変数 r,θ,ϕ の微分方程式なので，$u = R(r)\Theta(\theta)\Phi(\phi)$ の積を用いる．極座標によるラプラシアンの表式は本シリーズ 1 巻「ベクトル解析」を参照．

解答

(1) 見通しをよくするために，

$$D_r = \frac{1}{r^2}\frac{\partial}{\partial r}\left(r^2\frac{\partial}{\partial r}\right)$$

$$D_{\theta,\phi} = \frac{1}{\sin\theta}\frac{\partial}{\partial\theta}\left(\sin\theta\frac{\partial}{\partial\theta}\right) + \frac{1}{\sin^2\theta}\frac{\partial^2}{\partial\phi^2}$$

を導入する．ヘルムホルツの方程式は，

$$[D_r + \frac{1}{r^2}D_{\theta,\phi} + k^2]u(r,\theta,\phi) = 0$$

と表される．$u = Y(\theta,\phi)R(r)$ とし $\frac{1}{YR}(\Delta+k^2)YR$ を計算する．

$$\frac{r^2}{R}(D_r + k^2)R + \frac{1}{Y}D_{\theta,\phi}Y = 0.$$

これを変形して r に依存する項を左辺にまとめると

$$\frac{r^2}{R}(D_r + k^2)R = -\frac{1}{Y}D_{\theta,\phi}Y = \alpha.$$

左辺は r の関数，右辺は (θ,ϕ) の関数．等式が成立するためには定数 α でなければならない．これから

$$(D_r + k^2 - \frac{\alpha}{r^2})R = 0$$

$$(D_{\theta,\phi} + \alpha)Y = 0$$

を得る．書き直すと，

$$[\frac{1}{r^2}\frac{d}{dr}\left(r^2\frac{d}{dr}\right) + k^2 - \frac{\alpha}{r^2}]R = 0$$

$$[\frac{1}{\sin\theta}\frac{\partial}{\partial\theta}\left(\sin\theta\frac{\partial}{\partial\theta}\right) + \frac{1}{\sin^2\theta}\frac{\partial^2}{\partial\phi^2} + \alpha]Y = 0$$

を得る．

ワンポイント解説

・D_r は r の微分を含み $R(r)$ に作用する．一方，$D_r Y(\theta,\phi) = 0$ となる．同様に $D_{\theta,\phi}R(r) = 0$.

(2) 得られた Y に対する方程式に $Y(\theta,\phi) = \Theta(\theta)\Phi(\phi)$ を代入し，(1) と同様の計算を行う．定数 β を用いて

$$[\frac{1}{\sin\theta}\frac{d}{d\theta}\left(\sin\theta\frac{d}{d\theta}\right) + (\alpha - \frac{\beta}{\sin^2\theta})]\Theta = 0$$

$$[\frac{d^2}{d\phi^2} + \beta]\Phi = 0$$

を得る．

(3) Φ に対する方程式の解は，$\beta \geq 0$ のとき，

$$\Phi = e^{\pm i\sqrt{\beta}\phi}$$

となる．境界条件 $\Phi(0) = \Phi(2\pi)$ より $\sqrt{\beta}$ は整数．整数を m とすると，$\beta = m^2$．

・$\beta < 0$ は，境界条件を満たさない．

(4) ϕ に依存しないとき，$m = 0$ となる．変数 $x = \cos\theta$ を角度 θ の代わりに用いる．また，$\frac{1}{\sin\theta}\frac{d}{d\theta} = -\frac{d}{dx}, \sin^2\theta = 1 - x^2$ より

$$[\frac{d}{dx}((1-x^2)\frac{d}{dx}) + \alpha]\Theta = 0.$$

付録で解説するように，$|x| = 1$ において Θ が有界となるという条件を課すと，$\alpha = n(n+1)$ (n はゼロまたは正の整数) が得られ，Θ は x の多項式になる．$\alpha = n(n+1)$ とおくと微分方程式 (8.4) が得られる．

・物理的には $\theta = 0, \pi$ で u が有界を要求．

この結果をまとめると，

$$[\frac{1}{r^2}\frac{d}{dr}\left(r^2\frac{d}{dr}\right) - \frac{n(n+1)}{r^2} + k^2]R = 0$$

$$[\frac{1}{\sin\theta}\frac{d}{d\theta}\left(\sin\theta\frac{d}{d\theta}\right) + n(n+1) - \frac{m^2}{\sin^2\theta}]\Theta = 0$$

$$[\frac{d^2}{d\phi^2} + m^2]\Phi = 0$$

となる．一番目の方程式は，$x = kr$ とおくと次章で調べる，球ベッセル関数の微分方程式になる．2番めの方程式はルジャンドル陪関数の方程式 (8.10) である．

例題 22 の発展問題

22-1. 例題のヘルムホルツ方程式の解を円柱座標 $(x = r\cos\theta, y = r\sin\theta, z)$ を用い変数分離の方法で調べよ．r に対する方程式は，ベッセルの微分方程式

$$\left(\frac{d^2}{d\rho^2} + \frac{1}{\rho}\frac{d}{d\rho} + (1 - \frac{n^2}{\rho^2})\right)R(\rho) = 0$$

に書けることを示せ．

例題 23　ルジャンドル多項式

ロドリゲスの公式

$$P_n(x) = \frac{1}{2^n n!} \left(\frac{d}{dx}\right)^n (x^2-1)^n \tag{8.19}$$

を用いて

(1) ルジャンドル多項式は

$$P_n(x) = \sum_{m=0}^{[\frac{n}{2}]} \frac{(-1)^m (2n-2m)!}{2^n m!(n-m)!(n-2m)!} x^{n-2m} \tag{8.20}$$

と n 次の多項式となることを示せ．ここで $[\frac{n}{2}]$ は，n が偶数（奇数）のとき $\frac{n}{2}(\frac{n-1}{2})$．

(2) P_0, P_1, P_2 を求め，それぞれ図示せよ．

(3) $m, n = 0, 1, 2$ に対して

$$\int_{-1}^{1} P_n P_m dx = \frac{2}{2n+1} \delta_{n,m} \tag{8.21}$$

が成り立つことを確かめよ．

考え方

ルジャンドル多項式の具体的な表式を導く．ロドリゲスの公式を用い，2 項展開，微分により多項式の係数が得られる．

‖解答‖

(1)
$$\begin{aligned}
P_n &= \frac{1}{2^n n!} \left(\frac{d}{dx}\right)^n (x^2-1)^n \\
&= \frac{1}{2^n n!} \left(\frac{d}{dx}\right)^n \sum_{m=0}^{n} \frac{(-1)^m n!}{m!(n-m)!} x^{2(n-m)} \\
&= \frac{1}{2^n n!} \sum_{m=0}^{[\frac{n}{2}]} \frac{(-1)^m n!}{m!(n-m)!} (2n-2m) \\
&\quad \times (2n-2m-1)\cdots(n-2m+1) x^{n-2m}.
\end{aligned}$$

ワンポイント解説

・2 項定理を用いる．
$$(a+b)^n = \sum_{m=0}^{n} \binom{n}{m} a^m b^{n-m}$$

・$\dfrac{d^n}{dx^n} x^{2(n-m)}$ を計算

ここで，n 回微分してゼロにならないためには $n - 2m \geq 0$ でなければならない．これから m は，n が偶数のときには $\frac{n}{2}$ まで，奇数のときには $\frac{n}{2} - \frac{1}{2}$ までとなる．

$$P_n = \sum_{m=0}^{[\frac{n}{2}]} \frac{(-1)^m (2n-2m)!}{2^n m!(n-m)!(n-2m)!} x^{n-2m}$$

$\cdot (2n-2m)\cdots(n-2m+1)$
$= \dfrac{(2n-2m)!}{(n-2m)!}$

が得られる．P_n は n 次の多項式となる．

(2) $n = 0$ のとき，$P_0 = 1$

$n = 1$ のとき，$P_1 = x$

$n = 2$ のとき，$P_2 = \dfrac{1}{2^2 2!} \left(\dfrac{d}{dx}\right)^2 (x^2-1)^2$
$= \dfrac{1}{2}(3x^2 - 1).$

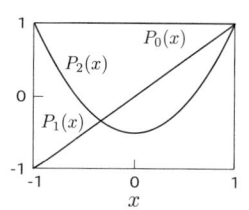

(3) P_0, P_2 は偶関数，P_1 は奇関数なので

$$\int_{-1}^{1} P_0 P_1 dx = \int_{-1}^{1} P_2 P_1 dx = 0.$$

次に，

$$\int_{-1}^{1} P_0 P_2 dx = \frac{1}{2} \int_{-1}^{1} (3x^2 - 1) dx$$
$$= \frac{1}{2}(3 \cdot \frac{2}{3} - 2) = 0.$$

また，

$$\int_{-1}^{1} P_0^2 dx = 2, \quad \int_{-1}^{1} P_1^2 dx = \int_{-1}^{1} x^2 dx = \frac{2}{3}$$

$$\int_{-1}^{1} P_2^2 dx = \frac{1}{4} \int_{-1}^{1} (9x^4 - 6x^2 + 1) dx = \frac{2}{5}$$

$$\int_{-1}^{1} P_n P_m dx = \frac{2}{2n+1} \delta_{m,n} \text{ を具体的に確かめた.}$$

例題 23 の発展問題

23-1. ロドリゲスの公式を用い,
$$\int_{-1}^{1} P_n(x) P_m(x) dx = \frac{2}{2n+1} \delta_{m,n}$$
を示せ.
(ヒント:部分積分を用いる.)

23-2. シュレーフリ (Schlaefli) の積分表示.

(1) ルジャンドル多項式 $P_n(x)$ は次の積分で表されることを示せ.
$$P_n(x) = \frac{1}{2^n 2\pi i} \oint_C \frac{(z^2-1)^n}{(z-x)^{n+1}} dz.$$

積分路 C は x を囲む周回積分.

(ヒント:ロドリゲスの公式を用いる.)

(2) この結果を用いてルジャンドル多項式がルジャンドルの微分方程式を満たすことを示せ.

23-3. 次の関数 $Q_1(x)$ ($|x| > 1$)(第 2 種ルジャンドル関数)
$$Q_1(x) = \frac{x}{2} \log \frac{x+1}{x-1} - 1$$

は $P_1(x)$ と同じルジャンドルの微分方程式を満たすことを示せ.この関数は $|x| \to 1$ で発散する.

例題 24　ルジャンドル多項式の性質

ルジャンドル関数の母関数を利用して，漸化式

$$(2n+1)xP_n(x) = (n+1)P_{n+1}(x) + nP_{n-1}(x) \tag{8.22}$$

$$(n+1)P_n(x) = P'_{n+1} - xP'_n \tag{8.23}$$

が成り立つことを示せ．

考え方

$$\Phi(x,h) = \frac{1}{\sqrt{1-2xh+h^2}} = \sum_{n=0}^{\infty} h^n P_n(x) \tag{8.24}$$

の両辺を x あるいは h で偏微分する．様々な漸化式は母関数を使い，導くことができる．

解答

$$\frac{1}{\sqrt{1-2xh+h^2}} = \sum_{n=0}^{\infty} h^n P_n(x) \tag{8.25}$$

を h で偏微分する．

$$\frac{\partial}{\partial h} \frac{1}{\sqrt{1-2xh+h^2}} = \frac{x-h}{(1-2xh+h^2)^{\frac{3}{2}}}$$
$$= \frac{\partial}{\partial h} \sum_{n=0}^{\infty} h^n P_n(x) = \sum_{n=0}^{\infty} n h^{n-1} P_n(x). \tag{8.26}$$

全体に $(1-2xh+h^2)$ をかけると

$$\frac{x-h}{\sqrt{1-2xh+h^2}} = \sum_{n=0}^{\infty} (x-h) h^n P_n(x)$$
$$= \sum_{n=0}^{\infty} n(1-2xh+h^2) h^{n-1} P_n(x).$$

整理すると

ワンポイント解説

・1 行目は
式 (8.25)×$(x-h)$

・2 行目は
式 (8.26)×$(1-2xh+h^2)$

$$\sum_{n=0}^{\infty} h^{n+1} P_n(x)(1+n) + \sum_{n=0}^{\infty} h^n P_n(x)(-(2n+1)x)$$
$$+ \sum_{n=0}^{\infty} n h^{n-1} P_n(x) = 0.$$

h のべきを整理する．第 1 項は $n' = n+1$，第 3 項では $n' = n-1$ とすると

$$\sum_{n'=1}^{\infty} h^{n'} n' P_{n'-1} - x \sum_{n=0}^{\infty} h^n (2n+1) P_n$$
$$+ \sum_{n'=-1}^{\infty} h^{n'} (n'+1) P_{n'+1} = 0.$$

h^n の各次数の係数はゼロとなるので $(n \geq 1)$

$$n P_{n-1}(x) - x(2n+1) P_n(x) + (n+1) P_{n+1}(x) = 0$$

が得られる．

P_0, P_1 を用意すると，漸化式を用いて高次の P_n が得られる．

$$P_{n+1} = \frac{1}{n+1}(x(2n+1) P_n - n P_{n-1}).$$

次に，x で偏微分すると

$$\frac{h}{(1-2xh+h^2)^{\frac{3}{2}}} = \sum_{n=0}^{\infty} P_n'(x) h^n.$$

両辺に $(1-2xh+h^2)$ をかけて整理すると

$$\sum_{n=0}^{\infty} h^{n+1} P_n = \sum_{n=0}^{\infty} (1-2xh+h^2) h^n P_n'.$$

これから

・n' は和をとる変数なので，n と書き直して良い．

・h^{-1} の係数：3 項目 $(n'+1) = 0$

・h^0 の係数：2, 3 項目 $-x P_0 + P_1 = 0$

$$\sum_{n=0}^{\infty}(h^{n+2}P_n' + h^{n+1}(-P_n - 2xP_n') + h^n P_n') = 0$$

h の次数を整えると

$$P_n' + P_{n-2}' = P_{n-1} + 2xP_{n-1}'$$

が得られる．$n-1$ を n と書き換えると，

$$P_{n+1}' + P_{n-1}' = P_n + 2xP_n' \qquad (8.27)$$

となる．式 (8.22) を x で微分すると，

$$(n+1)P_{n+1}' + nP_{n-1}' = (2n+1)(P_n + xP_n') \qquad (8.28)$$

式 (8.27) と式 (8.28) より

$$(n+1)P_n(x) = P_{n+1}' - xP_n'$$

が示される．

例題 24 の発展問題

24-1. $P_n(x)$ に関する以下の関係式を示せ．

(1) 偶奇性 $P_n(-x) = (-1)^n P_n(x)$

(2) $P_n(1) = 1$, $P_n(-1) = (-1)^n$

(3) $P_{2n}(0) = \dfrac{(-1)^n (2n)!}{2^{2n}(n!)^2}$, $P_{2n+1}(0) = 0$

24-2. $\displaystyle\int_0^1 P_n(x)dx = \dfrac{P_{n-1}(0) - P_{n+1}(0)}{2n+1}$ を示せ．

(ヒント：式 (8.27), (8.28) を用い $(2n+1)P_n = P_{n+1}' - P_{n-1}'$ を示す．)

例題 25　ルジャンドル展開

電荷分布が $\rho(\boldsymbol{r})$ と与えられているとき，静電ポテンシャル $\phi(\boldsymbol{r})$ は

$$\phi(\boldsymbol{r}) = \frac{1}{4\pi\varepsilon_0} \int \frac{\rho(\boldsymbol{r})}{|\boldsymbol{r}-\boldsymbol{r}'|} d\boldsymbol{r}' \tag{8.29}$$

と与えられる．遠方（十分大きな r）で

$$\phi(\boldsymbol{r}) = \frac{1}{4\pi\varepsilon_0}\frac{Q}{r} + \frac{1}{4\pi\varepsilon_0}\frac{1}{r^2}\sum_{i=1,2,3}\left(\frac{x_i}{r}\right)d_i$$
$$+ \frac{1}{4\pi\varepsilon_0}\frac{3}{2}\frac{1}{r^3}\sum_{i,j=1,2,3}\left(\frac{x_i x_j}{r^2}\right)Q_{ij} + \cdots \tag{8.30}$$

と与えられることを示せ．Q, d_i, Q_{ij} はそれぞれ

$$Q = \int \rho(\boldsymbol{r}) d\boldsymbol{r} \tag{8.31}$$

$$d_i = \int \rho(\boldsymbol{r}) x_i d\boldsymbol{r} \tag{8.32}$$

$$Q_{i,j} = \int \rho(\boldsymbol{r})(x_i x_j - \frac{1}{3}\delta_{i,j} r^2) d\boldsymbol{r} \tag{8.33}$$

と与えられる．ここで $x_1 = x$, $x_2 = y$, $x_3 = z$, $r = \sqrt{x^2+y^2+z^2}$ である．

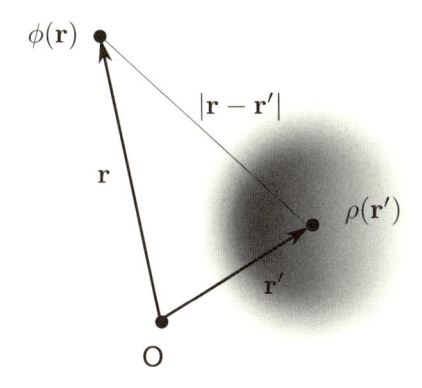

考え方

式 (8.30) は静電ポテンシャルの多重極展開とよばれる．電荷分布が球対称の場合第1項のクーロンポテンシャルのみ現れる．第2項以降は，

電荷分布の球対称からのずれにより生じる．導出はルジャンドル多項式の母関数

$$\frac{1}{\sqrt{1-2xh+h^2}} = \sum_{n=0}^{\infty} P_n h^n$$

を利用する．

‖解答‖

$\boldsymbol{r}$ と $\boldsymbol{r}'$ のなす角度を θ とすると

$$|\boldsymbol{r}-\boldsymbol{r}'| = \sqrt{r^2+r'^2-2rr'\cos\theta}$$
$$= r\sqrt{1+\left(\frac{r'}{r}\right)^2-2\left(\frac{r'}{r}\right)\cos\theta}$$

となる．$r \gg r'$ のとき $\frac{r'}{r} < 1$ より

$$\frac{1}{|\boldsymbol{r}-\boldsymbol{r}'|} = \frac{1}{r\sqrt{1+\left(\frac{r'}{r}\right)^2-2\left(\frac{r'}{r}\right)\cos\theta}}$$
$$= \frac{1}{r}\sum_{n=0}^{\infty}\left(\frac{r'}{r}\right)^n P_n(\cos\theta)$$

となる．したがって，

$$\phi(\boldsymbol{r}) = \frac{1}{4\pi\varepsilon_0}\frac{1}{r}\sum_{n=0}^{\infty}\int\left(\frac{r'}{r}\right)^n P_n(\cos\theta)\rho(\boldsymbol{r}')d\boldsymbol{r}'$$

となる．$P_0=1, P_1=\cos\theta, P_2=\frac{1}{2}(3\cos^2\theta-1)$ より，$P_0=1, P_1=\dfrac{\boldsymbol{r}\cdot\boldsymbol{r}'}{rr'}, P_2=\dfrac{1}{2r^2r'^2}(3(\boldsymbol{r}\cdot\boldsymbol{r}')^2-r^2r'^2)$ で与えられる．
$n=0$ の項は

$$\frac{1}{4\pi\varepsilon_0}\frac{1}{r}\int\rho(\boldsymbol{r}')d\boldsymbol{r}' = \frac{1}{4\pi\varepsilon_0}\frac{Q}{r}.$$

ここで，Q

ワンポイント解説

・$\boldsymbol{r}'$ の積分は全空間にわたるが，r は電荷が分布している領域より十分遠いと仮定している．したがって積分に寄与する $\rho \neq 0$ の所では $\frac{r'}{r} < 1$ が成り立つ．

$$Q = \int \rho(\boldsymbol{r}')d\boldsymbol{r}'.$$

$n=1$ の項は

$$\frac{1}{4\pi\varepsilon_0}\frac{1}{r}\int \frac{\boldsymbol{r}\cdot\boldsymbol{r}'}{rr'}\frac{r'}{r}\rho(\boldsymbol{r}')d\boldsymbol{r}'$$
$$= \frac{1}{4\pi\varepsilon_0}\frac{1}{r^2}\sum_{i=1}^{3}\left(\frac{x_i}{r}\right)d_i.$$

ここで, d_i は

$$d_i = \int \rho(\boldsymbol{r}')x_i'd\boldsymbol{r}'.$$

$n=2$ の項は

$$\frac{1}{4\pi\varepsilon_0}\frac{1}{r}\int\left(\frac{r'}{r}\right)^2\frac{1}{r^2r'^2}\frac{3(\boldsymbol{r}\cdot\boldsymbol{r}')^2 - r^2r'^2}{2}\rho(\boldsymbol{r}')d\boldsymbol{r}'$$
$$= \frac{1}{4\pi\varepsilon_0}\frac{3}{2}\frac{1}{r^3}\sum_{i,j=1}^{3}\left(\frac{x_ix_j}{r^2}\right)Q_{ij}.$$

ここで

$$Q_{ij} = \int (x_i'x_j' - \frac{1}{3}\delta_{i,j}r'^2)\rho(\boldsymbol{r}')d\boldsymbol{r}'$$

となる. Q は全電荷, $\boldsymbol{d}$ は電気的双極子モーメント, Q_{ij} は電気的 4 重極モーメントとよばれる.

例題 25 の発展問題

25-1. $f(x) = x^2$ をルジャンドル展開し，

$$f(x) = \sum_{n=0}^{\infty} a_n P_n(x)$$

展開係数を求めよ．ここで $|x| \leq 1$ とする．

25-2. ラプラスの方程式

$$[\frac{\partial^2}{\partial x^2} + \frac{\partial^2}{\partial y^2} + \frac{\partial^2}{\partial z^2}]V(x,y,z) = 0$$

の解を極座標を用いて表す．z 軸回りの回転に対して対称な解（ϕ に依存しない解）は定数 a_n, b_n を用いて

$$V(r,\theta) = \sum_{n=0}^{\infty} [a_n r^n + b_n \frac{1}{r^{n+1}}] P_n(\cos\theta)$$

と表されることを示せ．

25-3. ラプラスの方程式の解を $V(r,\theta)$ とする．V は $r = R$ において $V = 0$，$r \gg R$ において $V = -E_0 z$ の境界条件を満足する．このとき $V(r,\theta)$ を求めよ（これは，半径 R の金属球の中心を原点におき，外部電場を z 方向にかけた場合に静電ポテンシャルを求める問題になる．）．

例題 26　球面調和関数

(1) 3次元のラプラシアンは極座標を用いて

$$\Delta = \frac{1}{r^2}\left(\frac{\partial}{\partial r}(r^2\frac{\partial}{\partial r})\right) - \frac{\boldsymbol{L}^2}{r^2}$$

と表される．ここで

$$\boldsymbol{L}^2 = -\frac{1}{\sin\theta}\frac{\partial}{\partial\theta}\left(\sin\theta\frac{\partial}{\partial\theta}\right) - \frac{1}{\sin^2\theta}\frac{\partial^2}{\partial\phi^2}$$

$$L_z = -i\frac{\partial}{\partial\phi}$$

とすると

$$\boldsymbol{L}^2 Y_{l,m} = l(l+1)Y_{l,m}$$

$$L_z Y_{l,m} = m Y_{l,m}$$

が成り立つことを示せ．

(2) $Y_{0,0}, Y_{1,m}$ の具体的な表式を求めよ．$|Y_{1,m}|^2$ の θ, ϕ 依存性の概略を図示せよ．

(3) 単位ベクトル $\hat{r}_1, \hat{r}_2$ の内積を $(\hat{r}_1 \cdot \hat{r}_2) = \cos\theta_{12}$ とする．$\hat{r}_i$ は極座標で $(\sin\theta_i\cos\phi_i, \sin\theta_i\sin\phi_i, \cos\theta_i)$ と表される．このとき

$$P_1(\cos\theta_{12}) = \sum_{m=-1,0,1}\frac{4\pi}{3}\bar{Y}_{1,m}(\theta_1,\phi_1)Y_{1,m}(\theta_2,\phi_2)$$

が成り立つことを確かめよ．

考え方

(1) ではルジャンドル陪関数が満たす微分方程式を用いる．(2), (3) では具体的な球面調和関数，ルジャンドル陪関数の表式を用いて計算する．

解答

ワンポイント解説

(1) $\dfrac{\partial}{\partial\phi}$ を処理する．球面調和関数 $Y_{l,m}(\theta,\phi)$ において $e^{im\phi}$ のみが ϕ に依存しているので

$$\bm{L}^2 Y_{l,m} = \left(-\frac{1}{\sin\theta}\frac{\partial}{\partial\theta}\left(\sin\theta\frac{\partial}{\partial\theta}\right) + \frac{m^2}{\sin^2\theta}\right) Y_{l,m}$$

$$L_z Y_{l,m} = m Y_{l,m}$$

が得られる.

また $x = \cos\theta$ とし，ルジャンドル陪関数の微分方程式を用いると，

$$\bm{L}^2 P_l^m(x)$$
$$= \left(-(1-x^2)\frac{d^2}{dx^2} + 2x\frac{d}{dx} + \frac{m^2}{1-x^2}\right) P_l^m(x)$$
$$= l(l+1) P_l^m(x)$$

より $\bm{L}^2 Y_{l,m} = l(l+1) Y_{l,m}$ が成り立つ.

(2) ロドリゲスの公式を用いたルジャンドル陪関数の式を用いると

$$P_1^0 = \cos\theta, \quad P_1^1 = \sin\theta, \quad P_1^{-1} = -\frac{1}{2}\sin\theta$$

が得られる．これから

$$Y_{1,\pm 1} = \mp\sqrt{\frac{3}{8\pi}}\sin\theta e^{\pm i\phi}$$

$$Y_{1,0} = \sqrt{\frac{3}{4\pi}}\cos\theta$$

となる．直交座標を用いると

$$Y_{1,\pm 1} = \sqrt{\frac{3}{4\pi}}\frac{\mp 1}{\sqrt{2}}\frac{x\pm iy}{r}$$

$$Y_{1,0} = \sqrt{\frac{3}{4\pi}}\frac{z}{r}$$

と表される．曲面 $r = |Y_{l,m}(\theta,\phi)|^2$ を図示する.

・ベクトル積を用いて $\bm{L} = -i\bm{r}\times\bm{\nabla}$ と表される． $\bm{L}$ は量子力学における軌道角運動量に対応する． $Y_{l,m}$ は微分演算子 $\bm{L}^2, L_z$ に対する固有関数である.

$|Y_{10}|^2$　　　　$|Y_{11}|^2$

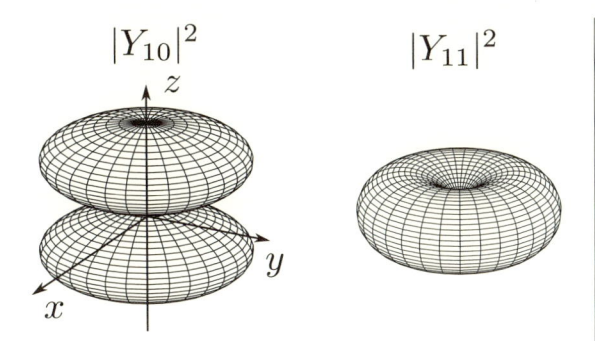

(3) 単位ベクトルの成分を $\hat{r}_i = (x_i, y_i, z_i)$ とする. ここで $i = 1, 2$. また単位ベクトルなので, 長さは 1, $x_i^2 + y_i^2 + z_i^2 = 1$ である.

$$\frac{4\pi}{3} \sum_{m=-1,0,1} \bar{Y}_{1,m}(\theta_1, \phi_1) Y_{1,m}(\theta_2, \phi_2)$$
$$= \frac{-1}{\sqrt{2}}(x_1 - iy_1)\frac{-1}{\sqrt{2}}(x_2 + iy_2)$$
$$+ \frac{1}{\sqrt{2}}(x_1 + iy_1)\frac{1}{\sqrt{2}}(x_2 - iy_2) + z_1 z_2$$
$$= \hat{r}_1 \cdot \hat{r}_2 = \cos\theta_{12} = P_1(\cos\theta_{12})$$

が示された.

→ ベクトル $\hat{r}_1$ と $\hat{r}_2$ の内積で表される, スカラ量である.

・一般の l に対して
$P_l(\cos\theta_{12}) =$
$\sum_{m=-l}^{l} \frac{4\pi}{2l+1}$
$\times \bar{Y}_{l,m}(\theta_1, \phi_1)$
$\times Y_{l,m}(\theta_2, \phi_2)$
が成り立つ.

例題 26 の発展問題

26-1. ルジャンドル陪関数 (n はゼロまたは正の整数, m は整数)

$$P_n^m(x) = (1-x^2)^{\frac{m}{2}} \frac{d^m}{dx^m} P_n(x)$$

が, ルジャンドル陪関数の微分方程式

$$\left((1-x^2)\frac{d^2}{dx^2} - 2x\frac{d}{dx} + n(n+1) - \frac{m^2}{1-x^2}\right) P_n^m(x) = 0$$

を満たすことを示す.

(1) $f(x) = \dfrac{d^m P_n(x)}{dx^m}$ は

$$(1-x^2)\dfrac{d^2 f}{dx^2} - 2(m+1)x\dfrac{df}{dx} + (n(n+1) - m(m+1))f = 0$$

を満たすことを示せ.

(2) $g(x) = (1-x^2)^{\frac{m}{2}} f(x)$ として，(1) で得られた関係式から P_n^m がルジャンドル陪関数の微分方程式を満たすことを示せ.

(3) $|m|$ の上限が n となることを示せ.

26-2. (1) 次式を示せ.

$$P_n^{-m}(x) = (-1)^m \dfrac{(n-m)!}{(n+m)!} P_n^m(x)$$

（ヒント：ルジャンドル陪関数をロドリゲスの公式で表す．最初に以下を示す．

$$\dfrac{d^{n-m}}{dx^{n-m}}(x^2-1)^n = \dfrac{(n-m)!}{(n+m)!}(x^2-1)^m \dfrac{d^{n+m}}{dx^{n+m}}(x^2-1)^n.$$

関数の積を微分するとき，ライプニッツの関係式

$$\dfrac{d^n}{dx^n}(f(x)g(x)) = \sum_{k=0}^{n} \dfrac{n!}{k!(n-k)!} f^{(k)}(x) g^{(n-k)}(x)$$

が便利.）

(2) 次式を示せ.

$$\bar{Y}_{l,m}(\theta,\phi) = (-1)^m Y_{l,-m}(\theta,\phi)$$

重要度
★★★★

9 ベッセル関数

―――《 内容のまとめ 》―――

　ヘルムホルツ方程式を，円柱座標を用いて表すと，動径方向の方程式はベッセル (Bessel) の微分方程式となる．ベッセル関数は物理の様々な場面で登場し，三角関数同様な役割を果たす関数である．三角関数の知識が不可欠なように，ベッセル関数を使いこなせる事が必要になる．

ベッセル関数:[例題 27]
　ベッセル関数 $J_\nu(x)$ は次のベッセルの微分方程式

$$\left(\frac{d^2}{dx^2} + \frac{1}{x}\frac{d}{dx} + 1 - \frac{\nu^2}{x^2}\right) J_\nu(x) = 0 \tag{9.1}$$

の解である．ここでは，x は実数とする．級数展開による解は，

$$J_\nu(x) = \left(\frac{x}{2}\right)^\nu \sum_{m=0}^\infty \frac{(-1)^m}{m!\Gamma(m+\nu+1)} \left(\frac{x}{2}\right)^{2m} \tag{9.2}$$

$$= \left(\frac{x}{2}\right)^\nu \frac{1}{\Gamma(\nu+1)}[1 - \frac{1}{\nu+1}\left(\frac{x}{2}\right)^2 + \cdots] \tag{9.3}$$

と与えられる．$J_\nu(x)$ をベッセル関数という．一般に，この級数は初等関数を用いて表すことができない．ガンマ関数 $\Gamma(x)$ は，付録で簡単に解説する．ν がゼロまたは正の整数 n のとき，$\Gamma(m+n+1) = (m+n)!$ となる．

　2階線形常微分方程式であるベッセルの微分方程式には，2つの独立解がある．ν を正またはゼロの実数とし，J_ν と $J_{-\nu}$ が一般には独立解である．しかし ν が整数 n のとき，$J_{-n} = (-1)^n J_n$ より，J_n と J_{-n} は線形独立ではない．そこで，J_ν と $J_{-\nu}$ の線形結合で定義されるノイマン (Neumann) 関数が用いられる．

$$N_\nu(x) = \frac{\cos\nu\pi J_\nu(x) - J_{-\nu}(x)}{\sin\nu\pi}. \tag{9.4}$$

ν が整数の場合，この式は $\frac{0}{0}$ となるので，ロピタルの定理を用いて

$$N_n(x) = \frac{1}{\pi}\left[\frac{\partial J_\nu(x)}{\partial \nu} - (-1)^n \frac{\partial J_{-\nu}(x)}{\partial \nu}\right]\bigg|_{\nu=n}. \tag{9.5}$$

$x \to 0$ において，J_ν は有界，N_ν は発散する関数である．ベッセルの微分方程式の一般解は，J_ν と N_ν の線形結合 $w = \alpha J_\nu(x) + \beta N_\nu(x)$ で表される．

独立な解の組として，ハンケル（**Hankel**）関数 $H_\nu^{(1)}$, $H_\nu^{(2)}$

$$H_\nu^{(1)} = J_\nu + iN_\nu \tag{9.6}$$
$$H_\nu^{(2)} = J_\nu - iN_\nu \tag{9.7}$$

を用いることもある．J_ν, N_ν, $H_\nu^{(1)}$, $H_\nu^{(2)}$ いずれに対しても成り立つ関係式では，これらを総称して $Y_\nu(x)$ と表す．

漸化式:

$Y_\nu(x)$ は，次の漸化式を満たす．

$$\frac{d}{dx}(x^\nu Y_\nu) = x^\nu Y_{\nu-1}$$
$$\frac{d}{dx}(x^{-\nu} Y_\nu) = -x^{-\nu} Y_{\nu+1}. \tag{9.8}$$

整数次のベッセル関数：[例題 28]

整数次 $\nu = n$（n は整数）のベッセル関数は，ベッセル関数の母関数 $\Phi(x,t)$ のローラン展開の係数としても与えられる．

$$\Phi(x,t) = e^{\frac{x}{2}(t-\frac{1}{t})} = \sum_{n=-\infty}^{\infty} t^n J_n(x). \tag{9.9}$$

式 (3.6) から，ただちにベッセル関数の積分表示が得られる．

$$J_n(x) = \frac{1}{2\pi i}\oint_C \frac{1}{\zeta^{n+1}} e^{\frac{x}{2}(\zeta-\frac{1}{\zeta})} d\zeta. \tag{9.10}$$

ここで，C は原点を反時計回りに周回する積分路である．$\zeta = \dfrac{2t}{x}$ と変数変換すると，

$$J_n(x) = \frac{1}{2\pi i} \left(\frac{x}{2}\right)^n \oint_C \frac{1}{t^{n+1}} e^{(t-\frac{x^2}{4t})} dt \tag{9.11}$$

が得られる．積分表示を用いて様々な関係式が導かれる．

フーリエ・ベッセル展開:[例題29]

ベッセル関数がゼロ $J_\nu(x) = 0$ となる零点を $x = \alpha_1^\nu, \alpha_2^\nu, \ldots$ とする．$\nu > -1$ に対して，$J_\nu(\alpha_i^\nu x)$ の直交関係，規格化積分が成り立つ．

$$\int_0^1 J_\nu(\alpha_i^\nu x) J_\nu(\alpha_j^\nu x) x dx = \delta_{ij} \frac{1}{2} \left(J_{\nu+1}(\alpha_i^\nu)\right)^2. \tag{9.12}$$

$J_\nu(\alpha_i^\nu x)$ は直交関数系をなす．$0 < x < 1$ の区間において，連続関数 $f(x)$ は

$$f(x) = \sum_{i=1}^\infty a_i^\nu J_\nu(\alpha_i^\nu x) \tag{9.13}$$

$$a_i^\nu = \frac{2}{[J_{\nu+1}(\alpha_i^\nu)]^2} \int_0^1 f(x) J_\nu(\alpha_i^\nu x) x dx \tag{9.14}$$

と展開することができる（フーリエ・ベッセルの展開）．

球ベッセル関数:[例題30]

球ベッセル関数 $y_n = j_n, n_n, h_n^{(1)}, h_n^{(2)}$ は半整数ベッセル関数を用いて定義される．

$$y_n(x) = \sqrt{\frac{\pi}{2x}} Y_{n+\frac{1}{2}}(x). \tag{9.15}$$

n はゼロまたは正の整数．$y_n(x)$ は次の微分方程式を満たす．

$$\left(\frac{d^2}{dx^2} + \frac{2}{x}\frac{d}{dx} + 1 - \frac{n(n+1)}{x^2}\right) y_n(x) = 0. \tag{9.16}$$

球ベッセル関数は，三角関数を用いて表される．

$$\begin{aligned} j_0(x) &= \frac{\sin(x)}{x}, \quad n_0(x) = -\frac{\cos(x)}{x}, \\ h_0^{(1)}(x) &= \frac{e^{ix}}{ix}, \quad h_0^{(2)}(x) = -\frac{e^{-ix}}{ix} \end{aligned} \tag{9.17}$$

$j_\nu, n_\nu, h_\nu^{(1)}, h_\nu^{(2)}$ は三角関数 $\sin x$, $\cos x$, 指数関数 e^{ix}, e^{-ix} に対応している．

式 (9.8) を用いて，球ベッセル関数の次数を変える**昇降演算子**が導かれる．

$$\left(\frac{d}{dx} - \frac{n}{x}\right) y_n(x) = -y_{n+1}(x) \tag{9.18}$$

$$\left(\frac{d}{dx} + \frac{n+1}{x}\right) y_n(x) = y_{n-1}(x) \tag{9.19}$$

漸近形,原点の振舞い:

$x \gg 1$ において,ベッセル関数は振動する.漸近形は以下のように

$$J_n(x) \simeq \sqrt{\frac{2}{\pi x}} \cos(x - \frac{2n+1}{4}\pi)$$
$$N_n(x) \simeq \sqrt{\frac{2}{\pi x}} \sin(x - \frac{2n+1}{4}\pi) \tag{9.20}$$

また,

$$j_n(x) \simeq \frac{1}{x} \sin(x - \frac{n\pi}{2})$$
$$n_n(x) \simeq -\frac{1}{x} \cos(x - \frac{n\pi}{2}). \tag{9.21}$$

これらは,ハンケル関数の積分表示を用いて導かれる.

$x \to 0$ において,級数解を用いて

$$J_n \sim \frac{1}{n!}(\frac{x}{2})^n$$
$$N_n \sim -\frac{(n-1)!}{\pi}(\frac{2}{x})^n. \tag{9.22}$$

ただし $N_0 \sim \frac{2}{\pi} \ln x$.

$$j_n(x) \sim \frac{x^n}{(2n+1)!!}$$
$$n_n(x) \sim -\frac{(2n-1)!!}{x^{n+1}}. \tag{9.23}$$

ここで $(2n+1)!! = 1 \cdot 3 \cdots (2n+1)$ を表す.$0!! = (-1)!! = 1$ とする.

例題 27　微分方程式

ベッセルの微分方程式

$$\left(\frac{d^2}{dx^2} + \frac{1}{x}\frac{d}{dx} + 1 - \frac{\nu^2}{x^2}\right) y(x) = 0 \tag{9.24}$$

の解を原点を中心とする級数展開を用いて求めよ．ここで $\nu \geq 0$ とする．

考え方

ベッセルの微分方程式における $\dfrac{dy}{dx}$, y の係数は $x=0$ で1位，2位の極をもち，微分方程式の確定特異点（付録参照）である．級数解

$$y = \sum_{m=0}^{\infty} a_m x^{m+r}, \quad a_0 \neq 0$$

を微分方程式に代入すると，a_n の漸化式および，決定方程式から r が求まる．

解答

級数

$$y_\nu = \sum_{m=0}^{\infty} a_m x^{m+r}, \ a_0 \neq 0$$

を微分方程式に代入すると次式が得られる．

$$\sum_{m=0}^{\infty} \bigl((m+r)(m+r-1) a_m x^{m+r-2} + (m+r) a_m x^{m+r-2} + a_m x^{m+r} - \nu^2 a_m x^{m+r-2} \bigr) = 0.$$

x の各べきの係数をゼロとおくと，以下の関係式が得られる．

$$\bigl((m+r)^2 - \nu^2\bigr) a_m = -a_{m-2} \quad (m \geq 2)$$
$$\bigl((m+r)^2 - \nu^2\bigr) a_m = 0 \quad (m = 0, 1)$$

ワンポイント解説

・この段階では r は未定のパラメータ

・x のべきがそろうように m を調整し，a_m の漸化式を得る．

$m = 0$ のとき, $a_0 \neq 0$ より
$$r^2 - \nu^2 = 0$$
の条件より $r = \pm\nu$ が得られる. $m = 1$ のとき, $r = \pm\nu$ に対して
$$a_1\left((\pm\nu + 1)^2 - \nu^2\right) = 0$$
より $a_1 = 0$ となる.
$r = \nu$ の解は漸化式
$$a_m = \frac{-1}{m \cdot (m + 2\nu)} a_{m-2}$$
を用いて
$$\begin{aligned}
y_\nu &= a_0 x^\nu \left(1 + \frac{-x^2}{2 \cdot (2 + 2\nu)}\right.\\
&\quad \left. + \frac{x^4}{2 \cdot 4 \cdot (2 + 2\nu) \cdot (4 + 2\nu)} + \cdots\right)\\
&= a_0 x^\nu \sum_{k=0}^\infty \frac{(-1)^k x^{2k} \Gamma(\nu + 1)}{2^{2k} k! \Gamma(\nu + k + 1)}
\end{aligned}$$
と解が得られた.
$a_0 = \dfrac{1}{2^\nu \Gamma(1 + \nu)}$ とすると, ベッセル関数の表式 (9.2) が得られる. これから $x \sim 0$ では
$$J_{\pm\nu} \sim x^{\pm\nu}$$
と振る舞うことがわかる. 図のように, $x = 0$ で J_0 以外の $J_n (n > 0)$ はゼロとなる. またいずれも遠方で, 振動する.

・決定方程式という.

・$r = -\dfrac{1}{2}$ のとき $a_1 = 0$ は必要条件ではない. しかし $a_1 \neq 0$ として得られる解は $r = \dfrac{1}{2}$ の解に比例するため, 調べる必要はない.

・$\dfrac{\Gamma(\nu+1)}{\Gamma(\nu+k+1)} = \dfrac{1}{(\nu+1)(\nu+2)\cdots(\nu+k)}$

・a_0 は任意の定数.

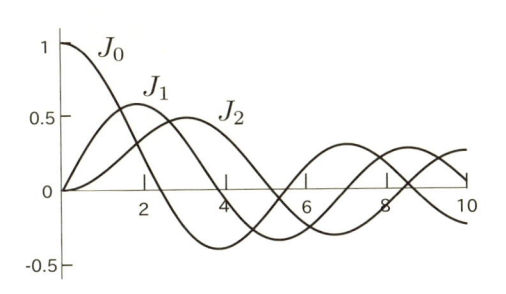

例題 27 の発展問題

27-1. $\nu = n$ (n は整数) のとき積分表示 (9.11) を用いて $J_n(x)$ の表式を求め，式 (9.2) と一致することを確かめよ．また，$J_{-n}(x) = (-1)^n J_n(x)$ となることを示せ．

27-2. 微分方程式
$$\left(\frac{d^2}{dx^2} + x\right) y = 0 \ (x \geq 0) \tag{9.25}$$
の解は $\sqrt{x} J_{\pm\frac{1}{3}}(\frac{2}{3} x^{\frac{3}{2}})$ で与えられることを示せ．量子力学において古典近似（WKB 近似）を調べる際に，同様の微分方程式が現れる．

27-3. 式 (9.2) を用いて，$J_{\frac{1}{2}}(x) = \sqrt{\dfrac{2}{\pi x}} \sin(x)$ を示せ．

例題 28　積分表示

ベッセル関数 $J_n(x)$ $(n = 0, 1, 2 \ldots)$ の積分表示を示せ.

$$J_n(x) = \frac{1}{\pi} \int_0^\pi \cos(n\theta - x\sin\theta)d\theta. \tag{9.26}$$

考え方

ベッセル関数の母関数

$$\Phi(x, t) = \sum_{n=-\infty}^{\infty} J_n(x) t^n = e^{\frac{x}{2}(t - \frac{1}{t})}$$

を利用する. $t = e^{i\theta}$ とおくと, $J_n(x)$ を係数とするフーリエ級数展開が得られる.

解答

ベッセル関数の母関数

$$\Phi(x, t) = e^{\frac{x}{2}(t - \frac{1}{t})}$$

において, $t = e^{i\theta}$ とおくと

$$e^{\frac{x}{2}(t - \frac{1}{t})} = e^{\frac{x}{2}(e^{i\theta} - e^{-i\theta})} = e^{ix\sin\theta}.$$

一方

$$\sum_{n=-\infty}^{\infty} J_n(x) t^n = \sum_{n=-\infty}^{\infty} J_n(x) e^{in\theta}$$

となり

$$e^{ix\sin\theta} = \sum_{n=-\infty}^{\infty} J_n(x) e^{in\theta}. \tag{9.27}$$

これは $e^{ix\sin\theta}$ をフーリエ級数展開したと考えることができる. フーリエ係数は

ワンポイント解説

・オイラーの公式

$$J_n(x) = \frac{1}{2\pi}\int_{-\pi}^{\pi} e^{ix\sin\theta}e^{-in\theta}d\theta$$

となり右辺は

$$\frac{1}{2\pi}\int_{-\pi}^{\pi}(\cos(x\sin\theta - n\theta)$$
$$+i\sin(x\sin\theta - n\theta))d\theta$$

ここで，奇関数は積分するとゼロとなるので

$$J_n(x) = \frac{1}{\pi}\int_0^{\pi}\cos(n\theta - x\sin\theta)d\theta$$

が示された．

ところで，式 (9.27) で $\theta = 0$ とすると

$$\sum_{n=-\infty}^{\infty} J_n(x) = J_0(x) + 2\sum_{m=1}^{\infty} J_{2m}(x) = 1$$

という和則が得られる．これは数値計算においてベッセル関数を求めるアルゴリズムとして使える．十分大きな $n = N$ に対して $J_N = 0$, $J_{N-1} = c$ (c は適当な定数) とする．漸化式

$$J_{n-1}(x) = \frac{2n}{x}J_n(x) - J_{n+1}(x)$$

を用いて，$0 \leq n < N$ のベッセル関数を順々に求める．最後に和則が成り立つよう，得られたベッセル関数の値に共通因子をかけて修正する．

・$J_{-n}(x) = (-1)^n J_n(x)$ を用いた．

例題 28 の発展問題

28-1. ベッセル関数の加法定理

$$J_n(x+y) = \sum_{m=-\infty}^{\infty} J_m(x) J_{n-m}(y)$$

を示せ.

28-2. ベッセル関数の以下の積分変換（ラプラス変換）

$$\int_0^{\infty} e^{-ax} J_0(x) dx$$

を求めよ．ここで $a > 0$ とする．

28-3. 母関数を用い漸化式

$$\frac{d}{dx}(x^n J_n) = x^n J_{n-1}$$
$$\frac{d}{dx}(x^{-n} J_n) = -x^{-n} J_{n+1}$$

が成り立つことを示せ．
（ヒント：この関係式は

$$\frac{d}{dx} J_n + \frac{n}{x} J_n = J_{n-1}$$
$$\frac{d}{dx} J_n - \frac{n}{x} J_n = -J_{n+1}$$

と同等である．）

例題 29　フーリエ・ベッセル展開

関数 $u(r)$ は区間 $0 \leq r \leq 1$ において次の微分方程式を満たす.

$$\frac{d}{dr}\left(r\frac{du}{dr}\right) + \left(k^2 r - \frac{m^2}{r}\right)u = 0. \tag{9.28}$$

ここで, m はゼロまたは正の整数とする.

(1) $u(r)$ は $r=0$ で有界, $r=1$ で $u(1) = 0$ とする. この境界条件を満たす固有関数 $u = u_n$, 固有値 $k^2 = k_n^2 (n = 1, 2, \ldots)$ を求めよ.

(2) 得られた固有関数 u_n, u_l の積分を求めよ.

$$\int_0^1 u_n(r) u_l(r) r \, dr \tag{9.29}$$

考え方

式 (9.28) はストゥルム・リュビル型微分方程式であり, ベッセルの微分方程式になる. k^2 が特別の値（固有値）のとき, u は境界条件を満たす（固有関数）ことができる. 異なる固有値に対する固有関数が直交することは, 第 7 章で一般的に調べたが, 規格化積分（式 (9.29) $n = l$ の場合) は, 具体的に求めなければならない.

解答

(1) 変数 $x = kr$ を用いて式 (9.28) を書き直すと,

$$\left(\frac{d^2}{dx^2} + \frac{1}{x}\frac{d}{dx} + 1 - \frac{m^2}{x^2}\right)u = 0$$

となり, ベッセルの微分方程式が得られる. 解は

$$u(r) = A J_m(kr) + B N_m(kr)$$

で与えられる.

$r=0$ で有界より $B=0$ となる. $r=1$ において $u(k) = 0$ より, $k = k_n$ はベッセル関数のゼロ点 α_n^m. ($J_m(\alpha_n^m) = 0 \ (n = 1, 2, \ldots)$) すなわち固有値 $k_n^2 = (\alpha_n^m)^2$, 固有関数 $u_n(r) = J_m(k_n r)$ が導かれ

ワンポイント解説

・ノイマン関数は原点で発散する.

(2) 関数 $J_m(\alpha r), J_m(\beta r)$ が満たす微分方程式から出発する.

$$\frac{d}{dr}\left(r\frac{dJ_m(\alpha r)}{dr}\right) + \left(\alpha^2 r - \frac{m^2}{r}\right)J_m(\alpha r) = 0$$

$$\frac{d}{dr}\left(r\frac{dJ_m(\beta r)}{dr}\right) + \left(\beta^2 r - \frac{m^2}{r}\right)J_m(\beta r) = 0$$

上式それぞれに $J_m(\beta r), J_m(\alpha r)$ をかけ,引き算する.

$$\frac{d}{dr}[J_m(\beta r)(r\frac{dJ_m(\alpha r)}{dr}) - J_m(\alpha r)(r\frac{dJ_m(\beta r)}{dr})]$$
$$= (\beta^2 - \alpha^2)rJ_m(\alpha r)J_m(\beta r)$$

第7章でストゥルム・リュビル型微分方程式を調べたときのように,両辺を $0 \le x \le 1$ の区間積分する. $J_m(x), \dfrac{J_m(x)}{dx} = J'_m(x)$ は $x = 0$ で有界なので

$$\int_0^1 J_m(\alpha r)J_m(\beta r)r dr$$
$$= \frac{\alpha J_m(\beta)J'_m(\alpha) - \beta J'_m(\beta)J_m(\alpha)}{\beta^2 - \alpha^2}$$

が得られる.

α, β が J_m のゼロ点,かつ $\alpha \ne \beta$ の場合.上式の右辺はゼロ.よって $\alpha = \alpha_n^m, \beta = \alpha_l^m$ とすると,固有関数 u_n と $u_l(n \ne l)$ の直交性が得られた.

$$\int_0^1 u_n(r)u_l(r)r dr = 0 \quad (n \ne l)$$

次に規格化積分を求める. $\alpha = \beta = \alpha_n^m$ とおくと,上式の右辺は $\frac{0}{0}$ となってしまう.そこで,α を J_m のゼロ点とし,$\beta \to \alpha$ の極限を考える.ロピタルの定理を用いると

・$J_m(x)$ と $\sin x$ を対比させる.
$J_m(\alpha_n^m) = 0 \leftrightarrow \sin(n\pi) = 0$
ゼロ点:$\alpha_n^m \leftrightarrow n\pi$
固有関数:
$J_m(\alpha_n^m x) \leftrightarrow \sin(n\pi x)$

・$\frac{d}{dr}J_m(\alpha r)|_{r=1}$
$= \alpha J'_m(\alpha)$

・$\int_0^1 \sin(n\pi x)\sin(l\pi x)dx$
$= 0 (n \ne l)$ に対応

$$\lim_{\beta \to \alpha} \frac{\alpha J_m(\beta) J'_m(\alpha)}{\beta^2 - \alpha^2}$$
$$= \lim_{\beta \to \alpha} \frac{\frac{\partial (\alpha J_m(\beta) J'_m(\alpha))}{\partial \beta}}{\frac{\partial (\beta^2 - \alpha^2)}{\partial \beta}} = \frac{(J'_m(\alpha))^2}{2}$$

が得られる．したがって，
$$\int_0^1 (u_n(r))^2 r dr = \frac{(J'_m(\alpha_n^m))^2}{2}.$$

この例題で扱った微分方程式とヘルムホルツ方程式との関係は発展問題 22-1 で調べた．応用例として，太鼓のような円形膜の固有振動を求める問題がある．

・$J_m(\alpha_n^m) = 0$ より $(J'_m(\alpha_n^m))^2 = (J_{m\pm 1}(\alpha_n^m))^2$ を使って表すこともできる．

例題 29 の発展問題

29-1. $J_n(x)$ の隣り合う 2 つのゼロ点の間には，$J_{n\pm 1}(x)$ のゼロ点はそれぞれ 1 つだけあることを示せ．

29-2. $y = x + e \sin y \ (0 \leq x \leq \pi)$ のとき，$y(x)$ は
$$y = x + 2 \left(J_1(e) \sin x + \frac{1}{2} J_2(2e) \sin 2x + \frac{1}{3} J_3(3e) \sin 3x + \cdots \right)$$

と表されることを示せ．（惑星の運動に関するベッセルの問題）

例題 30 球ベッセル関数

球ベッセル関数の微分方程式の解を調べる．
$$\left(\frac{d^2}{dx^2} + \frac{2}{x}\frac{d}{dx} + 1 - \frac{n(n+1)}{x^2}\right)y_n(x) = 0. \tag{9.30}$$

(1) 球ベッセル関数 $y_0(x)$ を求めよ．

(2) 式 (9.8) を用いて，
$$(\frac{d}{dx} - \frac{n}{x})y_n(x) = -y_{n+1}(x)$$
$$(\frac{d}{dx} + \frac{n+1}{x})y_n(x) = y_{n-1}(x)$$

が成り立つことを示せ．

これから $j_1(x), j_2(x)$ を導け．またそれらの，$x \gg 0$, $x \sim 0$ における主要項を求めよ．

(3)
$$\left(\frac{d^2}{dx^2} + \frac{2}{x}\frac{d}{dx} - 1 - \frac{n(n+1)}{x^2}\right)i_n(x) = 0 \tag{9.31}$$

の解は $y_n(x)$ を使ってどのように表されるか考察せよ．$n=0$ のとき，具体的な解の表式を与えよ．

考え方

$y_0 = \dfrac{v(x)}{x}$ とおき，$v(x)$ に対する方程式に書き直すと，$y_0(x)$ の解は指数関数，三角関数を用いて表されることがただちにわかる．

解答

(1) $y_0(x) = \dfrac{v(x)}{x}$ とおくと，v が満たす方程式は
$$\frac{d^2v}{dx^2} + v = 0.$$

ただちに，$\dfrac{v}{x} = \dfrac{\cos x}{x}, \dfrac{\sin x}{x}, \dfrac{e^{\pm ix}}{x}$ が得られる．

球ベッセル関数の表式 (9.17)
$$j_0(x) = \frac{\sin x}{x}, \quad n_0(x) = -\frac{\cos x}{x}$$

ワンポイント解説

が解であることが確かめられた．

(2) 式 (9.8) に $Y_{n+\frac{1}{2}}(x) = \sqrt{\dfrac{2x}{\pi}} y_n(x)$ を代入する．
$$\frac{d}{dx}(x^{n+\frac{1}{2}} x^{\frac{1}{2}} y_n) = x^{n+\frac{1}{2}} x^{\frac{1}{2}} y_{n-1}$$
を計算すると
$$\frac{d}{dx}(x^{n+1} y_n) = x^{n+1} \left(\frac{n+1}{x} + \frac{d}{dx}\right) y_n.$$
$$= x^{n+1} y_{n-1}$$
よって
$$y_{n-1} = \left(\frac{d}{dx} + \frac{n+1}{x}\right) y_n.$$
同様にして
$$\left(\frac{d}{dx} - \frac{n}{x}\right) y_n(x) = -y_{n+1}(x)$$
も得られる．得られた漸化式を用いると
$$j_1 = -j_0' \qquad j_2 = -j_1' + \frac{1}{x} j_1$$
より
$$j_0 = \frac{\sin x}{x}$$
$$j_1 = \frac{\sin x}{x^2} - \frac{\cos x}{x}$$
$$j_2 = \left(\frac{3}{x^3} - \frac{1}{x}\right) \sin x - \frac{3}{x^2} \cos x.$$
$x \to \infty$ における主要項は
$$j_0 \sim \frac{\sin x}{x}$$
$$j_1 \sim -\frac{\cos x}{x} = \frac{\sin(x - \frac{\pi}{2})}{x}$$
$$j_2 \sim -\frac{\sin x}{x} = \frac{\sin(x - \pi)}{x}.$$
$x \to 0$ における主要項は，$\sin x = x - \dfrac{x^3}{6} + \cdots$

・漸化式を用いると y_0 からすべての次数の y_n が得られる．

$\cos x = 1 - \dfrac{x^2}{2} + \cdots$ を用いて
$$j_0 \sim 1, \quad j_1 \sim \frac{x}{3}, \quad j_2 \sim \frac{x^2}{15}$$
が得られる．以下に球ベッセル（実線），球ノイマン関数（破線）を示す．

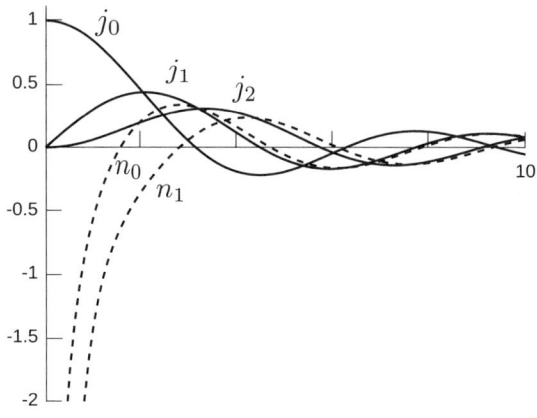

(3) $\left(\dfrac{d^2}{dx^2} + \dfrac{2}{x}\dfrac{d}{dx} + 1 - \dfrac{n(n+1)}{x^2}\right) y_n(x) = 0$

・$\dfrac{d^2}{dy^2} = -\dfrac{d^2}{dx^2}$

において $x = iy$ とおくと
$$\left(\frac{d^2}{dy^2} + \frac{2}{y}\frac{d}{dy} - 1 - \frac{n(n+1)}{y^2}\right) i_n(y) = 0$$
が得られる．したがって，$i_n(x) = y_n(ix)$ となる．実際 $n = 0$ のとき，(1) と同様に調べると，$i_0(x)$ は $\dfrac{e^x}{x}, \dfrac{e^{-x}}{x}$ の線形結合で与えられる．

球ベッセル関数 $y_n(x)$ は振動する関数だが，変形ベッセル関数とよばれる関数 $i_n(x)$ は指数関数的な振る舞いをする．

・通常
$i_n(x) = i^{-n} j_n(ix)$
と定義される．

例題 30 の発展問題

30-1. 平面波 e^{ikz} は球ベッセル関数とルジャンドル関数を用いて

$$e^{ikz} = e^{ikr\cos\theta} = \sum_{l=0}^{\infty}(2l+1)i^l j_l(kr)P_l(\cos\theta)$$

と表されることを示せ.
(ヒント：量子力学においては，z 方向に運動する自由粒子の状態は平面波 e^{ikz} で表される．平面波のルジャンドル展開は，平面波に含まれる様々な角運動量成分を分離することに対応しており，極微の世界の粒子の衝突現象を探る際に用いられている．e^{ikz} はヘルムホルツの方程式

$$\left(\frac{\partial^2}{\partial x^2} + \frac{\partial^2}{\partial y^2} + \frac{\partial^2}{\partial z^2} + k^2\right)u = 0$$

の解であることから極座標による微分方程式の解 P_l および j_l を用いて表される.)

30-2. 以下の関係式を示せ.

$$j_l(x) = \frac{1}{2i^l}\int_{-1}^{1}e^{ixt}P_l(t)dt$$

球ベッセル関数はルジャンドル関数のフーリエ変換ということもできる.

重要度
★★★

10 参考文献

　この本で取り上げた，複素関数，フーリエ解析，特殊関数については，特徴のある教科書がたくさんあります．まずは比較的優しい本のなかから自分にあう一冊を探して読み，自分の基礎を作ることです．一通り理解したらほかの本を読んでみると，様々な見かたで書かれていることがわかり，理解の幅が広がると思います．独断による感想を加え，参考書をあげます．

複素関数

[1] 表実，「複素関数（理工系の数学入門コース 5)」，岩波書店 (1988)．このシリーズは入門用．

[2] 神保道夫，「複素関数入門（現代数学への入門)」，岩波書店 (2003)．

[3] 今吉洋一，「複素関数概説（数学基礎コース)」，サイエンス社 (1997)．この 2 冊はコンパクト，明解で好きな本．

[4] 犬井鉄郎・石津武彦，「複素函数論（東京大学基礎工学)」，東京大学出版会 (1995)．最後の章に，複素変数を変数とする微分方程式について書かれている．

フーリエ変換，ラプラス変換

[5] 畑上到，「工学基礎 フーリエ解析とその応用（新・工科系の数学)」，数理工学社 (2004)．フーリエ解析の基礎的なことが丁寧でとてもわかりやすい．

[6] 小形正男，「振動・波動（裳華房テキストシリーズ—物理学)」，裳華房 (1999)．波動，振動からのアプローチで物理との関連が丁寧．

[7] 大石進一，「フーリエ解析（理工系の数学入門コース 6)」，岩波書店 (1989)．このシリーズは入門用の標準的教科書．

[8] 江沢洋，「フーリエ解析（理工学者が書いた数学の本)」，講談社

(1987)．最初に読むと難しい．応用と注意すべき点が丁寧に書かれている．

特殊関数

[9] 寺沢寛一,「自然科学者のための数学概論 増訂版改版」, 岩波書店 (1983)．親切ではないが, 簡潔, 明解．特殊関数のみならず, 理工学に必要となる数学が網羅されている．

[10] 戸田盛和,「特殊関数（理工系基礎の数学 6）」, 朝倉書店 (1981)．
わかりやすい．

[11] 犬井鉄郎,「特殊函数（岩波全書 252）」, 岩波書店 (1962)．
この本の序には「入門的解説」と書かれているが難しい．

以下, 伝えておきたい本です．

[12] 高木貞治,「定本 解析概論」, 岩波書店 (2010)．
古典的名著．数学を専門としない私でも学生のとき手に取った．はっきりしないときは読み返している．

[13] G. B. Arfken and H. J. Weber, "Mathematical Methods for Physicists," Academic Press (1995). 和訳として, 基礎物理数学シリーズ（アルフケン, ウェーバー, 講談社）がある．数理物理の広いテーマをカバーしていて役立つ教科書．

[14] M. Abramowitz and I. A. Stegum, "Handbook of Mathematical Functions: with Formulas, Graphs, and Mathematical Tables (Dover Books on Mathematics)," Dover (1965). 様々な公式が乗せてある百科事典のような本．数値計算のときにとても重宝する．

[15] E. T. Whittaker and G. N. Watson, "A Course of Modern Analysis," Cambridge University Press (1927). 多くの演習書に現れる例題のルーツは, この本にあるのではないかと思ってしまう．

[16] G. N. Watson, "A Treatise on the Theory of Bessel Functions," Cambridge University Press (1944). ベッセル関数の由来が巻頭に書かれていて興味深い．

11 付録

重要度 ★★★

―《 グリーンの公式 》―

$$\oint_C [P(x,y)dx + Q(x,y)dy] = \iint_D \left(\frac{\partial Q(x,y)}{\partial x} - \frac{\partial P(x,y)}{\partial y}\right)dxdy$$

　領域 D を反時計回りに周回する C 上で，関数 $P(x,y), Q(x,y)$ およびそれらの 1 階偏微分がともに連続であるとする．積分路 C において，y が最小，最大となる点をそれぞれ A, B，y の値を y_A, y_B とする．C 上の A から B に至る，右側（左側）の経路の x の値を $x_R(y)(x_L(y))$ とする．

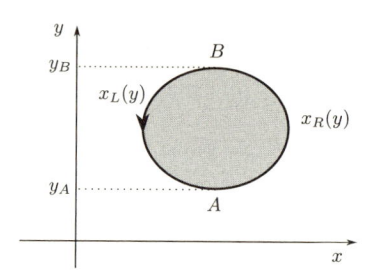

$$\iint_D \frac{\partial Q}{\partial x}dxdy = \int_{y_A}^{y_B} dy \int_{x_L(y)}^{x_R(y)} dx \frac{\partial Q}{\partial x}$$
$$= \int_{y_A}^{y_B} [Q(x_R(y), y) - Q(x_L(y), y)]dy$$
$$= \int_{y_A}^{y_B} Q(x_R(y), y)dy + \int_{y_B}^{y_A} Q(x_L(y), y)dy$$
$$= \oint_C Qdy.$$

同様にして，

$$\iint_D \frac{\partial P}{\partial y} dxdy = -\oint_C Pdx$$

が示される．したがってグリーンの公式が示された．

《 ジョルダンの補助定理 》

$f(z)$ が十分大きい R で $|f(Re^{i\theta})| \leq \frac{M}{R}$ と振る舞うとき，

$$\lim_{R\to\infty} \oint_{C_R} e^{iaz} f(z) dz \to 0$$

が成り立つ．($a > 0$ とする．)

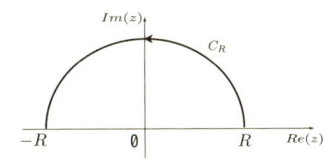

$a > 0$ のとき，半径 R の上半面の半円 $(0 \leq \theta \leq \pi)$ の積分路を C_R とする．積分 $I_R = \int_{C_R} e^{iaz} f(z) dz$ は

$$I_R = \int_0^\pi f(Re^{i\theta}) e^{-aR\sin\theta + iaR\cos\theta} iRe^{i\theta} d\theta$$

と書ける．I_R の絶対値の上限は

$$|I_R| = \int_0^\pi |f(Re^{i\theta}) e^{-aR\sin\theta - iaR\cos\theta} iRe^{i\theta}| d\theta$$
$$\leq \int_0^\pi |f(Re^{i\theta})| e^{-aR\sin\theta} R d\theta$$

で与えられる．ここで，R が十分大きいところで，$|f(z)| \leq \frac{M}{R}$ と振る舞うとすると，

$$|I_R| \leq M \int_0^\pi e^{-aR\sin\theta} d\theta = 2M \int_0^{\frac{\pi}{2}} e^{-aR\sin\theta} d\theta$$
$$\leq 2M \int_0^{\frac{\pi}{2}} e^{-\frac{2aR\theta}{\pi}} d\theta = \frac{\pi M}{aR}(1 - e^{-aR}).$$

最後の不等式では，$0 < \theta < \frac{\pi}{2}$ において $\frac{2\theta}{\pi} < \sin\theta$ を使った．よって，$R \to$

∞ で $I_R \to 0$ となることがわかる．$a > 0$ の場合は，e^{iaz} における $Re(iaz)$ が負になるため，積分が収束するように上半面の積分路をとった．$a < 0$ の場合は，下半面 ($-\pi \leq \theta \leq 0$) の半円を選ぶ．

《 微分方程式の級数解 》

2 階常微分方程式の級数を求める．

$$\frac{d^2 u}{dz^2} + P(z)\frac{du}{dz} + Q(z)u = 0$$

$u(z)$ の解析的性質は $P(z), Q(z)$ の解析性で定まることが知られている．$P(z), Q(z)$ がたかだか孤立特異点をもつ場合を考える[1]．

$z = a$ において P, Q が正則なとき

$$u(z) = \sum_{n=0}^{\infty} c_n (z-a)^n$$

とテイラー展開できる．

一方，$z = a$ が特異点のときを考える．このなかで，$(z-a)P(z)$, $(z-a)^2 Q(z)$ がともに正則である**確定特異点**の場合は

$$u(z) = \sum_{n=0}^{\infty} c_n (z-a)^{\rho+n}$$

と書ける．$c_0 \neq 0$ とする．ここで ρ は正の整数とは限らない．ルジャンドルの微分方程式において，$z^2 = 1$ は確定特異点，$z = 0$ は正則点である．ベッセルの微分方程式において $z = 0$ は確定特異点となる．

---

[1] 参考文献 [4,9,11,13]

ルジャンドルの微分方程式

$$(1-x^2)\frac{d^2y}{dx^2} - 2x\frac{dy}{dx} + \lambda y = 0.$$

$x=0$ は正則点, $x^2=1$ は確定特異点である. $x=0$ の級数解 $\sum_{n=0}^{\infty} c_n x^n$ を求める.

微分方程式に代入, 各項を微分すると,

$$\sum_{n=0}^{\infty}[(1-x^2)n(n-1)x^{n-2} - 2xnx^{n-1} + \lambda x^n]c_n = 0.$$

x のべきを整理すると

$$\sum_{n=0}^{\infty}[(n+2)(n+1)c_{n+2} + (\lambda - n(n+1))c_n]x^n = 0.$$

各べきの係数がゼロから

$$c_{n+2} = \frac{n(n+1) - \lambda}{(n+1)(n+2)}c_n$$

が得られる. $c_0 \neq 0, c_1 = 0$ は偶関数の解, $c_1 \neq 0, c_0 = 0$ は奇関数の解を与える.

収束半径 $\lim_{n \to \infty}|\frac{c_n}{c_{n+2}}| = 1$. 級数が無限に続くと $|x|=1$ で発散する解になる. そこで, 正の整数 l を用いて $\lambda = l(l+1)$ とすると, c_{l+2} はゼロになり, 解は l 次の多項式になる.

$$y = c_0[1 - \frac{l(l+1)}{1 \cdot 2} + \cdots].$$

$|x|=1$ はルジャンドルの微分方程式の確定特異点で, $|x|=1$ で有界とする境界条件を課すと, 解は固有値 $\lambda = l(l+1)$ の固有関数となる. 奇関数の場合も同様である.

《 ガンマ関数 》

ガンマ関数は $Re(z) > 0$ に対して積分表示

$$\Gamma(z) = \int_0^\infty e^{-t} t^{z-1} dt \tag{11.1}$$

で与えられる．z が正の整数，半整数のとき，

$\Gamma(n+1) = n!\ (n = 0, 1, 2\ldots)$

$\Gamma(\frac{1}{2}) = \sqrt{\pi},\ \Gamma(n + \frac{1}{2}) = \sqrt{\pi} \frac{(2n-1)!!}{2^n}\ (n = 1, 2\ldots)$.

$Re(z) < 0$ のとき，積分表示 (11.1) は収束しない．しかし，$\Gamma(z+1) = z\Gamma(z)$ から

$$\Gamma(z) = \frac{1}{z}\Gamma(z+1)$$

を繰り返し用い，$Re(z) > -n-1$ の領域におけるガンマ関数は

$$\Gamma(z) = \frac{\Gamma(z+n+1)}{z(z+1)\cdots(z+n)} \tag{11.2}$$

により定義される．積分表示 (11.1) と漸化式 (11.2) で定義された $\Gamma(z)$ は，複素平面上で $z = 0, -1, \ldots, -n$ における 1 位の極を除いて正則である．

正の実数 $x \gg 1$ のとき $\Gamma(x+1)$ は

$$\Gamma(x+1) \sim \sqrt{2\pi x} x^x e^{-x} \left(1 + \frac{1}{12x} + \frac{1}{288x^2} \cdots \right)$$

と漸近展開される．$x = n$ とし第 1 項をとったものは

$$n! \sim \sqrt{2\pi n} n^n e^{-n}$$

スターリング（Stirling）の公式とよばれる．

12 発展問題解答

1-1. $z^n = r^n e^{in\theta}$ より $(e^{i\theta})^3 = e^{3i\theta}$. オイラーの公式を用いると右辺は $e^{3i\theta} = \cos 3\theta + i \sin 3\theta$. 左辺の $e^{i\theta}$ の3乗を計算すると $(e^{i\theta})^3 = (\cos\theta + i\sin\theta)^3 = \cos^3\theta + 3\cos^2\theta(i\sin\theta) + 3\cos\theta(i\sin\theta)^2 + (i\sin\theta)^3$. 両辺の実部, 虚部を比較すると3倍角の公式を得る. $\cos 3\theta = 4\cos^3\theta - 3\cos\theta, \sin 3\theta = -4\sin^3\theta + 3\sin\theta$.

1-2. $a = 1+2i$ と $b = 3+4i$ を通る複素平面上の直線.

1-3. 極座標表示 $z = re^{i\theta}$ を用いる. $i = e^{i\frac{\pi}{2}}$ より, i との積は, $iz = re^{i(\theta + \frac{\pi}{2})}$ となり偏角を $90°$ 増やす, すなわち複素数 z を反時計回りに $90°$ 回転する操作で得られる.

$-2 = 2e^{i\pi}$ より, -2 との積 $-2z = 2re^{i(\theta+\pi)}$ は, 原点に対して z と点対称な位置に移動し, さらに原点からの距離を2倍する操作で得られる.

2-1. べき級数 $\displaystyle\sum_{n=1}^{\infty} a_n z^n$ の係数は $a_n = \dfrac{(-1)^{n+1}}{n}$. $\displaystyle\lim_{n\to\infty}\dfrac{|a_n|}{|a_{n+1}|} = \lim_{n\to\infty}\dfrac{n+1}{n} = 1$ より収束半径 $\rho = 1$ が得られる.

2-2. $32 = 32e^{i2n\pi}$ (n は整数) と表されるので $z = re^{i\theta}$ とすると $r = 32^{\frac{1}{5}}$, $\theta = \dfrac{2n\pi}{5}$. したがって $z_n = 2e^{i\frac{2n\pi}{5}}$ ($n=0,1,2,3,4$) の5つの解が得られる. 複素平面上に図示すると原点を中心とした半径2の円に内接する正5角形の頂点が解となる.

2-3. $\sin^{-1} z = w(z)$ とおくと $\sin w = z$ なので $z = \dfrac{e^{iw} - e^{-iw}}{2i}$. これから $(e^{iw})^2 - 2ize^{iw} - 1 = 0$ の2次方程式の解として $e^{iw} = iz + (-z^2+1)^{\frac{1}{2}}$ が得られる. よって $\sin^{-1} z = \dfrac{\log(iz + \sqrt{1-z^2})}{i}$ と与えられる. $\sin^{-1} z$ は $\log$ と $\sqrt{}$ に起因する多価関数である.

同様に $\tan^{-1} z = \dfrac{1}{2i} \log \dfrac{1+iz}{1-iz}$.

3-1. $\dfrac{\partial f}{\partial \bar{z}} = \dfrac{1}{2}(\dfrac{\partial f}{\partial x} + i\dfrac{\partial f}{\partial y}) = \dfrac{1}{2}[(\dfrac{\partial u}{\partial x} - \dfrac{\partial v}{\partial y}) + i(\dfrac{\partial u}{\partial y} + \dfrac{\partial v}{\partial x})]$. コーシー・リーマン関係式から $\dfrac{\partial f}{\partial \bar{z}} = 0$ となる.

3-2.
(1) $\vec{\nabla} \cdot \vec{F} = \dfrac{\partial v}{\partial x} + \dfrac{\partial u}{\partial y} = 0, \vec{\nabla} \times \vec{F} = \hat{e}_z(\dfrac{\partial u}{\partial x} - \dfrac{\partial v}{\partial y}) = 0$

(2) $\dfrac{\partial^2 u}{\partial^2 x} + \dfrac{\partial^2 u}{\partial^2 y} = \dfrac{\partial}{\partial x}(\dfrac{\partial u}{\partial x}) + \dfrac{\partial}{\partial y}(\dfrac{\partial u}{\partial y}) = \dfrac{\partial}{\partial x}(\dfrac{\partial v}{\partial y}) - \dfrac{\partial}{\partial y}(\dfrac{\partial v}{\partial x})$. いずれもコーシー・リーマン関係式を用いる.

3-3. $x = r\cos\theta, y = r\sin\theta$ の関係から,

$$\dfrac{\partial}{\partial r} = \dfrac{\partial x}{\partial r}\dfrac{\partial}{\partial x} + \dfrac{\partial y}{\partial r}\dfrac{\partial}{\partial y} = \cos\theta\dfrac{\partial}{\partial x} + \sin\theta\dfrac{\partial}{\partial y}$$

$$\dfrac{\partial}{\partial \theta} = \dfrac{\partial x}{\partial \theta}\dfrac{\partial}{\partial x} + \dfrac{\partial y}{\partial \theta}\dfrac{\partial}{\partial y} = -r\sin\theta\dfrac{\partial}{\partial x} + r\cos\theta\dfrac{\partial}{\partial y}.$$

が得られる.

$$\dfrac{\partial v}{\partial r} = \cos\theta\dfrac{\partial v}{\partial x} + \sin\theta\dfrac{\partial v}{\partial y}, \quad \dfrac{\partial u}{\partial \theta} = r[-\sin\theta\dfrac{\partial u}{\partial x} + \cos\theta\dfrac{\partial u}{\partial y}]$$

にコーシー・リーマン関係式を用いると

$$\dfrac{\partial u}{\partial \theta} = r[-\sin\theta\dfrac{\partial v}{\partial y} - \cos\theta\dfrac{\partial v}{\partial x}] = -r\dfrac{\partial v}{\partial r}$$

が得られる. 同様にして $\dfrac{\partial v}{\partial \theta}$ の関係式も導かれる.

4-1.

$$\oint_C (3z+1)dz = \int_0^1 (3t+1)dt + \int_0^1 (3(1+it)+1)idt$$
$$+ \int_1^0 (3(t+i)+1)dt + \int_1^0 (3(0+it)+1)idt = 0$$

$$\oint_C e^z dz = \int_0^1 e^t dt + \int_0^1 e^{1+it} idt + \int_1^0 e^{t+i} dt + \int_1^0 e^{it} idt = 0.$$

$3z+1, e^z$ は積分経路で囲まれる領域で正則だから，コーシーの積分定理が使える．ここではコーシーの積分定理が成り立つことを確かめたことになる．

4-2. $dz = dx + idy$ を用いると $\oint_C f(z)dz = \oint_C [fdx + ifdy]$ と書ける．

グリーンの定理 $\oint_C [P(x,y)dx + Q(x,y)dy] = \int\int_D [-\frac{\partial P}{\partial y} + \frac{\partial Q}{\partial x}]dxdy$ を用いて，面積積分に書き直すと

$$\oint_C f(z)dz = \oint_C [(fdx + ifdy)] = \int\int_D [-\frac{\partial f}{\partial y} + i\frac{\partial f}{\partial x}]dxdy.$$

発展問題 3-1 のヒントを用いると $\oint_C f(z)dz = 2i\frac{\partial f}{\partial \bar{z}}dxdy$ が示された．

5-1. $\oint_{C_1} f(z)dz = 0, \quad \oint_{C_2} f(z)dz = 2\pi i a_1, \quad \oint_{C_3} f(z)dz = 2\pi i(a_1 + a_2).$

5-2.
$$\oint_C e^{-z^2}dz = \int_0^R e^{-x^2}dx + \int_0^{\frac{\pi}{4}} e^{-R^2 e^{2i\theta}} iRe^{i\theta}d\theta + \int_R^0 e^{-(e^{i\frac{\pi}{4}}x)^2} e^{i\frac{\pi}{4}}dx.$$

第 2 項は $R \to \infty$ でゼロとなる．

$$\left|\int_0^{\frac{\pi}{4}} e^{-R^2 e^{2i\theta}} iRe^{i\theta}d\theta\right| < R\int_0^{\frac{\pi}{4}} e^{-R^2 \cos 2\theta}d\theta = \frac{R}{2}\int_0^{\frac{\pi}{2}} e^{-R^2 \cos\theta}d\theta$$
$$= \frac{R}{2}\int_0^{\frac{\pi}{2}} e^{-R^2 \sin\theta}d\theta < \frac{R}{2}\int_0^{\frac{\pi}{2}} e^{-\frac{2R^2\theta}{\pi}}d\theta = \frac{\pi}{4R}[1 - e^{-R^2}] \to 0 \quad (R \to \infty).$$

第 3 項を調べる．

$$\int_R^0 e^{-(e^{i\frac{\pi}{4}}x)^2} e^{i\frac{\pi}{4}}dx = -e^{\frac{\pi i}{4}}\int_0^R e^{-ix^2}dx$$
$$= -\frac{1+i}{\sqrt{2}}[\int_0^R \cos x^2 dx - i\int_0^R \sin x^2 dx].$$

$\oint_C e^{-z^2}dz = 0$ より最後に R を無限大にもっていくと，

$$\int_0^\infty e^{-x^2}dx = \frac{1}{\sqrt{2}}[(1+i)\int_0^\infty \cos x^2 dx + (1-i)\int_0^\infty \sin x^2 dx]$$

が得られる．$\int_0^\infty e^{-x^2}dx = \frac{\sqrt{\pi}}{2}$ を用いて整理すると，

$$\int_0^\infty \cos x^2 dx = \int_0^\infty \sin x^2 dx = \frac{1}{2}\sqrt{\frac{\pi}{2}}$$

が得られた．

5-3. $\frac{P_n'(z)}{P_n(z)} = \frac{n_1}{z-a_1} + \frac{n_2}{z-a_2} + \cdots + \frac{n_m}{z-a_m} + \frac{Q'(z)}{Q(z)}$. よって，以下が得られる．

$$\frac{1}{2\pi i}\oint_C \frac{P_n'(z)}{P_n(z)}dz = \frac{1}{2\pi i}\sum_i \oint_C \frac{n_i}{z-a_i} = n_1 + \cdots + n_m.$$

6-1. コーシーの積分公式を用いると

$$f'(a) = \lim_{\Delta a \to 0} \frac{f(a+\Delta a) - f(a)}{\Delta a}$$
$$= \lim_{\Delta a \to 0} \frac{1}{2\pi i}\oint [\frac{1}{z-(a+\Delta a)} - \frac{1}{z-a}]\frac{f(z)}{\Delta a}dz$$
$$= \frac{1}{2\pi i}\oint \frac{f(z)}{(z-a)^2}dz.$$

$f'(a)$ に対してコーシーの積分公式を用いると $f'(a) = \frac{1}{2\pi i}\oint \frac{f'(z)}{z-a}dz$

$f'(a)$ に対する 2 式を比べると $\oint_C \frac{f'(z)}{z-a}dz = \oint_C \frac{f(z)}{(z-a)^2}dz$ が示された．

6-2. $\oint_C \frac{\sin z}{z^{n+1}}dz = \frac{2\pi i}{n!}\frac{d^n}{dz^n}\sin z\Big|_{z=0}$ より

$$\oint_C \frac{\sin z}{z^{n+1}}dz = \begin{cases} 0 & \text{n は偶数} \\ \frac{2\pi i}{n!}(-1)^{\frac{n-1}{2}} & \text{n は奇数．} \end{cases}$$

6-3. 図の積分路 C をとる．コーシーの積分定理より

$f(a) = \frac{1}{2\pi i}\oint_C \frac{f(z)}{z-a}dz$. また，実軸に対する a の鏡像点 $\bar{a} = x - iy$ は下半面にあるので $\frac{1}{2\pi i}\oint_C \frac{f(z)}{z-\bar{a}}dz = 0$. これらを組み合わせて

$$f(a) = \frac{1}{2\pi i}\oint_C [\frac{f(z)}{z-a} - \frac{f(z)}{z-\bar{a}}]dz$$

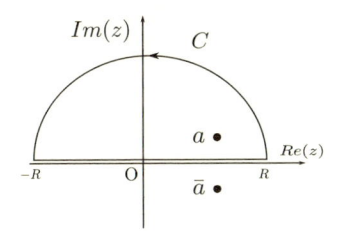

が成り立つ．ここで上半面の半円の積分は $R \to \infty$ でゼロとなる．
$$f(a) = \frac{1}{2\pi i} \int_{-\infty}^{\infty} [\frac{f(x)}{x-a} - \frac{f(x)}{x-\bar{a}}]dx$$
の両辺実部をとると設問の等式が導かれる．

7-1. $\frac{1}{z^2+a^2}$ は $z = \pm ia$ に1位の極をもつ．留数は $\pm\frac{1}{2ia}$. $\tanh z$ は $z = \frac{in\pi}{2}$ (n は奇数) に1位の極をもつ．留数は1. $(\frac{3}{z^2} - \frac{1}{z})\sin z - \frac{3}{z^2}\cos z$ は正則．

7-2. $|a| < z < \infty$ において $\frac{a}{z-a} = \frac{a}{z}\frac{1}{1-\frac{a}{z}} = \sum_{n=1}^{\infty}(\frac{a}{z})^n$. $z = e^{i\theta}$ とおくと
$(|a| < 1) \frac{a}{e^{i\theta}-a} = \frac{a}{\cos\theta - a + i\sin\theta}$. 一方 $\sum_{n=1}^{\infty}(\frac{a}{z})^n = \sum_{n=1}^{\infty}a^n e^{-in\theta}$ 両辺の実部と虚部を比較すると設問の等式が得られる．

7-3. $f(z), g(z)$ は $z = a$ で正則であるからテイラー展開できる．$f(a) = g(a) = 0, g'(a) \neq 0$ から $f(z) = f'(a)(z-a) + \cdots, g(z) = g'(a)(z-a) + \cdots$ したがって，
$$\lim_{z\to a}\frac{f(z)}{g(z)} = \lim_{z\to a}\frac{(z-a)[f'(a) + \frac{1}{2}f^{(2)}(a)(z-a) + \cdots]}{(z-a)[g'(a) + \frac{1}{2}g^{(2)}(a)(z-a) + \cdots]} = \frac{f'(a)}{g'(a)}.$$

8-1. $z = e^{i\theta}$ とおき，単位円上の周回積分を行う．$dz = izd\theta, \cos\theta = \frac{z + \frac{1}{z}}{2}$ を用いると
$$I = \oint_C \frac{1}{1-p(z+\frac{1}{z})+p^2}\frac{1}{iz}dz = \oint_C \frac{1}{i(z-p)(1-pz)}dz$$
となる．被積分関数 $f(z) = \frac{1}{i(z-p)(1-pz)}$ の特異点は $z = p$ と $\frac{1}{p}$ に1位の極がある．$|p| < 1$ のとき $z = p$ は単位円内，$z = \frac{1}{p}$ は単位円外．

$0 < p < 1$

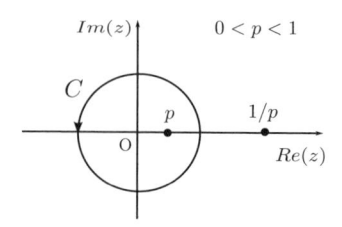

$|p| < 1$ のとき．この場合図のように単位円の積分路の内部の極は $z = p$, 留数は $\lim_{z \to p}(z-p)f(z) = \dfrac{1}{i(1-p^2)}$ なので留数定理より $I = 2\pi i \dfrac{1}{i(1-p^2)} = \dfrac{2\pi}{1-p^2}$ が得られる．

$|p| > 1$ のとき．単位円の積分路の内部の極は $z = \dfrac{1}{p}$, 留数は $\dfrac{1}{i(-1+p^2)}$ なので $I = 2\pi i \dfrac{1}{i(-1+p^2)} = \dfrac{2\pi}{-1+p^2}$. まとめると

$$\int_0^{2\pi} \dfrac{1}{1 - 2p\cos\theta + p^2} d\theta = \dfrac{2\pi}{|1-p^2|}$$ となる．

8-2. $\displaystyle\int_C \dfrac{dz}{1+z^4} = \int_{-R}^{R} \dfrac{dx}{1+x^4} + \int_0^{\pi} \dfrac{iRe^{i\theta}}{1+R^4 e^{i4\theta}} d\theta$. 第 2 項は $R \to \infty$ でゼロになる．一方上半面における $\dfrac{1}{(1+z^4)}$ の極は $z = e^{\frac{i\pi}{4}}, e^{\frac{i3\pi}{4}}$. 留数は各々 $\dfrac{e^{\frac{-i3\pi}{4}}}{4}, \dfrac{e^{\frac{-i9\pi}{4}}}{4}$ である．これから $\displaystyle\int_{-\infty}^{\infty} \dfrac{dz}{1+x^4} = \dfrac{\pi}{\sqrt{2}}$ を得る．

8-3.

(1) $\displaystyle\lim_{\epsilon \to +0} \int_a^c \dfrac{f(x)}{x-b-i\epsilon} dx$ の場合 $\epsilon \to +0$ に従って, $b+i\epsilon$ は上半面から実軸に近づく．積分路を変形して $z=b$ の下方を周回する半円の経路を加えた積分路 C を用いて計算する．

$$\lim_{\epsilon \to +0} \int_a^c \dfrac{f(x)}{x-b-i\epsilon} dx = \lim_{\epsilon \to +0} \int_C \dfrac{f(z)}{z-b} dz$$
$$= \lim_{\epsilon \to +0} [(\int_a^{b-\epsilon} + \int_{b+\epsilon}^c) \dfrac{f(x)}{x-b} dx + \int_\pi^{2\pi} f(b+\epsilon e^{i\theta}) i d\theta$$

$$= P\int_a^c \frac{f(x)}{x-b}dx + i\pi f(b)$$

が示された．$b-i\epsilon$ が下半面から実軸に近づく場合は，以下の積分路を用いる．

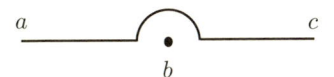

$$\begin{array}{c} a \quad\quad\quad\quad\frown\quad\quad\quad\quad c \\ \bullet \\ b \end{array}$$

同様の計算により $\displaystyle\lim_{\epsilon\to+0}\int_a^c \frac{f(x)}{x-b\mp i\epsilon}dx = P\int_a^c \frac{f(x)}{x-b}dx \pm i\pi f(b)$ が示される．

(2) 実軸上 $[-R, R]$ と上半面における半円の積分路を C とする．$f(z)$ は実軸上と上半面で正則だから，コーシーの積分公式より

$$f(z) = \frac{1}{2\pi i}\int_C \frac{f(\zeta)}{\zeta-z}d\zeta = \frac{1}{2\pi i}[\int_{-R}^R \frac{f(x)}{x-z}dx + \int_i^\pi \frac{f(Re^{i\theta})}{Re^{i\theta}-z}iRe^{i\theta}d\theta].$$

ここで $R\to\infty$ で第2項はゼロになる．$z=x+i\epsilon$ とおく．

$$f(x) = \frac{1}{2\pi i}\int_{-\infty}^\infty \frac{f(x')}{x'-x-i\epsilon}dx' = \frac{1}{2\pi i}[P\int_{-\infty}^\infty \frac{f(x')}{x'-x}dx' + i\pi f(x)]$$

が得られる．両辺の実部を比較すると $u(x,0) = \dfrac{1}{\pi}P\displaystyle\int_{-\infty}^\infty \frac{v(x',0)}{x'-x}dx'$ が成り立つ．

9-1.
$$I = \frac{1}{2}\int_{-\infty}^\infty \frac{\sin x \cos kx}{x}dx$$
$$= \frac{1}{8i}\int_{-\infty}^\infty \frac{e^{i(1+k)x} - e^{i(-1-k)x} + e^{i(1-k)x} - e^{i(-1+k)x}}{x}dx$$

経路 C あるいは C' の複素積分を用いて求める．

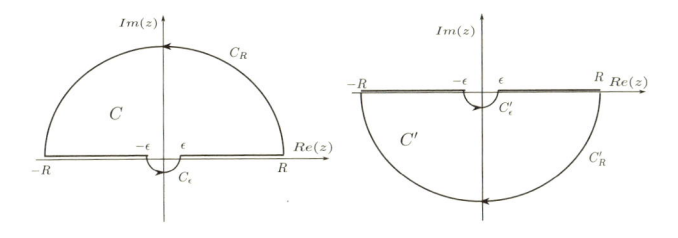

経路は，指数関数 $e^{i\alpha x}$ における α の符号によって，半円の積分が収束するような C_R, C'_R を選ぶ．

	$1+k$	$-1-k$	$1-k$	$-1+k$
$1 < k$	+	−	−	+
$-1 < k < 1$	+	−	+	−
$k < -1$	−	+	+	−

$1 < k$ のとき，
$$I_{\epsilon,R} = \frac{1}{8i}\left[\int_C \frac{e^{i(1+k)z} - e^{i(-1+k)z}}{z}dz + \int_{C'} \frac{-e^{i(-1-k)z} + e^{i(1-k)z}}{z}dz\right]$$
C で囲まれた領域で $z = 0$ が 1 位の極．C' 内は正則．したがって，
$$I_{\epsilon,R} = \frac{2\pi i}{8i}[1 - 1 + 0] = 0$$
$\alpha > 0$ のとき，$R \to \infty$ において $\int_{C_R} \frac{e^{i\alpha z}}{z}dz \to 0$，$\int_{C'_R} \frac{e^{-i\alpha z}}{z}dz \to 0$ となる．また $\epsilon \to 0$ において $\int_\epsilon \frac{e^{i\alpha z}}{z}dz \to \pi i$，$\int_{\epsilon'} \frac{e^{-i\alpha z}}{z}dz \to \pi i$．これらから，$\lim_{R\to\infty, \epsilon\to 0} I_{\epsilon,R} = I$．したがって，$I = 0$ を得る．

$k = 1$ のとき，$I_{\epsilon,R} = \frac{1}{8i}\left[\int_C \frac{e^{i2z}}{z}dz - \int_{C'} \frac{e^{-i2z}}{z}dz\right]$．
このとき $I_{\epsilon,R} = \frac{2\pi i}{8i} = \frac{\pi}{4}$ より $I = \frac{\pi}{4}$ を得る．

$-1 < k < 1$ のとき，
$$I_{\epsilon,R} = \frac{1}{8i}\left[\int_C \frac{e^{i(1+k)z} + e^{i(1-k)z}}{z}dz - \int_{C'} \frac{e^{i(-1-k)z} + e^{i(-1+k)z}}{z}dz\right]$$
このとき $I_{\epsilon,R} = \frac{4\pi i}{8i} = \frac{\pi}{2}$ より $I = \frac{\pi}{2}$ を得る．
同様の計算により $k = -1$ のとき，$I = \frac{\pi}{4}$，$k < -1$ のとき $I = 0$.

9-2. 積分経路内で $z = i\pi$ に極があり，留数は $-e^{i\pi a}$．
$$\oint_C \frac{e^{az}}{1+e^z}dz = 2\pi i(-e^{i\pi a}) = \int_{-R}^R \frac{e^{ax}}{1+e^x}dx + \int_R^{-R} \frac{e^{a(2\pi i + x)}}{1 + e^{2\pi i + x}}dx$$
$$+ \int_0^{2\pi} \frac{e^{a(R+iy)}}{1+e^{R+iy}}idy + \int_{2\pi}^0 \frac{e^{a(-R+iy)}}{1+e^{-R+iy}}idy$$

ここで，$R \to \infty$ の極限をとる．第3，4項の寄与はゼロとなる．第1，2項をまとめて整理すると $\int_{-\infty}^{\infty} \frac{e^{iax}}{1+e^x} dx = \frac{\pi}{\sin(\pi a)}$ が得られる．

9-3. $x > 0$ の場合，実軸と上半面の半円の積分路をとる．この場合 $s = i\epsilon$ における極の寄与がある．$x < 0$ の場合，実軸と下半面の半円の積分路をとる．この場合積分路の内側で被積分関数は正則である．その結果 $\theta(x) = \lim_{\epsilon \to +0} \frac{1}{2\pi i} \int_{-\infty}^{\infty} \frac{e^{ixs}}{s - i\epsilon} ds$ が示される．

10-1. $z^{\frac{1}{2}} = r^{\frac{1}{2}} e^{\frac{i\theta}{2}} = r^{\frac{1}{2}} \cos\frac{\theta}{2} + ir^{\frac{1}{2}} \sin\frac{\theta}{2} = u + iv$.

$$r\frac{\partial u}{\partial r} = \frac{1}{2} r^{\frac{1}{2}} \cos\frac{\theta}{2} = \frac{\partial v}{\partial \theta}, \frac{\partial u}{\partial \theta} = -r^{\frac{1}{2}} \sin\frac{\theta}{2} = -r\frac{\partial v}{\partial r}.$$

10-2. $\oint_c z^{\frac{1}{2}} dz = \int_0^{2\pi} e^{\frac{i\theta}{2}} e^{i\theta} i d\theta = i\frac{e^{\frac{6\pi}{2}} - 1}{\frac{3i}{2}} = -\frac{4}{3}$.

11-1. 例題11と同じ積分路をとり，$0 \leq arg(z) \leq 2\pi$ とする．

$J \equiv \oint \frac{z^{-\frac{1}{2}}}{1+z^2} dz$ C 内の極は $z = \pm i$，それぞれ偏角は $\frac{\pi}{2}, \frac{3}{2}\pi$. $\frac{z^{-\frac{1}{2}}}{1+z^2}$

$= \frac{1}{2i} [\frac{1}{z-i} - \frac{1}{z+i}] z^{-\frac{1}{2}}$. 留数定理を用いると

$J = 2\pi i \frac{1}{2i} [(e^{\frac{\pi}{2}i})^{-\frac{1}{2}} - (e^{\frac{3\pi}{2}i})^{-\frac{1}{2}}] = 2\pi \frac{1}{2} [e^{\frac{\pi}{4}i} + e^{-\frac{\pi}{4}i}] = 2\pi \cos(\frac{\pi}{4}) = \frac{2\pi}{\sqrt{2}}$.

一方 $J = [\int_{C_R} + \int_{C_\epsilon} + \int_0^{\infty} + \int_{-\infty}^0] \frac{z^{-\frac{1}{2}}}{1+z^2} dz, \lim_{R\to\infty} \int_{C_R} = 0, \lim_{\epsilon \to 0} \int_{C_\epsilon} = 0$

$J = \int_0^{\infty} dx \frac{x^{-\frac{1}{2}}}{1+x^2} + \int_{\infty}^0 dx \frac{(xe^{2\pi i})^{-\frac{1}{2}}}{1+x^2} = 2\int_0^{\infty} dx \frac{x^{-\frac{1}{2}}}{1+x^2}$.

よって $\int_0^{\infty} \frac{x^{-\frac{1}{2}}}{1+x^2} dx = \frac{\pi}{\sqrt{2}}$.

12-1. 基本周期は，$\cos(\frac{x}{2}), \sin(\frac{x}{3})$，それぞれの周期 $4\pi, 6\pi$ の最小公倍数で 12π.

12-2. $\int_a^{a+2L} f(x) dx = \int_a^b f(x) dx + \int_b^{a+2L} f(x) dx$

また，$\int_a^b f(x) dx = \int_a^b f(x+2L) dx = \int_{a+2L}^{b+2L} f(y) dy$. ここで $f(x)$ の周期性を用い，$y = x + 2L$ と積分変数を変えた．これから，

$$\int_a^{a+2L} f(x)dx = \int_{a+2L}^{b+2L} f(y)dy + \int_b^{a+2L} f(x)dx = \int_b^{b+2L} f(x)dx.$$

13-1. x^2 は偶関数．$a_n = \dfrac{2}{\pi}\int_0^\pi x^2 \cos nx dx = \begin{cases} \dfrac{2\pi^2}{3} & n=0 \\ (-1)^n \dfrac{4}{n^2} & n \neq 0 \end{cases}$．

よって $x^2 = \dfrac{\pi^2}{3} + 4(-\cos x + \dfrac{\cos 2x}{4} - \dfrac{\cos 3x}{9} + \cdots)$．

$x = 0$ とおくと $0 = \dfrac{\pi^2}{3} + \sum_{n=1}^\infty \dfrac{4(-1)^n}{n^2}$ から $\dfrac{\pi^2}{12} = \sum_{n=1}^\infty \dfrac{(-1)^{n+1}}{n^2}$．

$x = \pi$ とおくと $\pi^2 = \dfrac{\pi^2}{3} + \sum_{n=1}^\infty \dfrac{4}{n^2}$．これから $\dfrac{\pi^2}{6} = \sum_{n=1}^\infty \dfrac{1}{n^2}$．

13-2. i_1：周期を $(-\dfrac{\pi}{\omega}, \dfrac{\pi}{\omega})$ ととる $((0, \dfrac{2\pi}{\omega})$ ととってもかまわない$)$．

$$a_n = \dfrac{\omega}{\pi}\int_0^{\frac{\pi}{\omega}} \sin\omega t \cos(\dfrac{n\pi}{\frac{\pi}{\omega}}t)dt = \dfrac{1}{\pi}\dfrac{1+(-1)^n}{1-n^2}.$$

同様に $x = \omega t$ とおくと $b_n = \dfrac{1}{\pi}\int_0^\pi \sin x \sin nx dx = \dfrac{\delta_{n,1}}{2}$．よって半波整流のフーリエ級数 $i_1 = \dfrac{i_0}{\pi}\left(1 - 2\sum_{n=2,4,6,\cdots}^\infty \dfrac{\cos n\omega t}{n^2-1} + \dfrac{\pi}{2}\sin\omega t\right)$．

i_2：周期を $(-\dfrac{\pi}{\omega}, \dfrac{\pi}{\omega})$ ととる．偶関数なので $b_n = 0$．

また $a_n = \dfrac{2}{\frac{\pi}{\omega}}\int_0^{\frac{\pi}{\omega}} \sin\omega t \cos(\dfrac{n\pi}{\frac{\pi}{\omega}}t)dt = \dfrac{4}{\pi}\dfrac{1}{1-n^2}$，$n$ は偶数．したがって $i_2(t)$ のフーリエ級数展開は

$$i_2 = \dfrac{2i_0}{\pi}\left(1 - 2\sum_{n=2,4,6,\cdots}^\infty \dfrac{\cos n\omega t}{n^2-1}\right).$$

13-3. 周期を $\dfrac{2\pi}{a}$ と考えると $a_1 = 1$，ほかはゼロとなり役に立たない．周期 2π のフーリエ級数で展開してみる．$b_n = 0, a_n = \dfrac{1}{\pi}\int_{-\pi}^\pi \cos ax \cos nx dx$ で与えられ，$a_n = \dfrac{2a(-1)^n}{\pi}\dfrac{\sin a\pi}{a^2-n^2}$．まとめると

$$\cos ax = \dfrac{\sin \pi a}{\pi}\left(\dfrac{1}{a} + 2a\sum_{n=1}^\infty \dfrac{(-1)^n}{a^2-n^2}\cos nx\right)$$ となる．ここで，$x = \pi$ とすると $\cot \pi a = \dfrac{1}{a\pi} + \sum_{n=1}^\infty \dfrac{2a\pi}{\pi^2(a^2-n^2)}$．さらに，$\pi a = x$ とおくと，

$$\cot x = \dfrac{1}{x} + \sum_{n=1}^\infty \dfrac{2x}{x^2-(n\pi)^2}.$$ $\cot x$ の部分分数展開の式が得られる．

一方, $a\pi = y$ とおくと, $\cos\frac{xy}{\pi} = \sin y\left(\frac{1}{y} + 2y\sum_{n=1}^{\infty}\frac{(-1)^n \cos nx}{y^2 - (n\pi)^2}\right)$ と

なり, さらに $x = 0$ とすると $\frac{1}{\sin y} = \frac{1}{y} + 2y\sum_{n=1}^{\infty}\frac{(-1)^n}{y^2 - (n\pi)^2}$.

14-1. $\cos^3 x = \left(\frac{e^{ix} + e^{-ix}}{2}\right)^3 = \frac{1}{8}[e^{3ix} + 3e^{ix} + 3e^{-ix} + e^{-3ix}]$.

14-2. $f(x)$ は偶関数なので正弦関数の係数 b_n はゼロとなる.

$$a_n = \frac{2}{L}\int_0^L f(x)\cos(\frac{n\pi}{L}x)dx.$$ 積分区間を2つに分けて

$$a_n = \frac{2}{L}\left(\int_0^{\frac{L}{2}} f(x)\cos(\frac{n\pi}{L}x)dx + \int_{\frac{L}{2}}^L f(x)\cos(\frac{n\pi}{L}x)dx\right)$$

第2項において $x = y + L$ として $f(y + L) = -f(y)$ を用いると第2項

の積分は $\int_{\frac{L}{2}}^L f(x)\cos(\frac{n\pi}{L}x)dx = \int_{-\frac{L}{2}}^0 f(y + L)\cos(\frac{n\pi}{L}(y + L))dy$

$= \int_{-\frac{L}{2}}^0 (-f(y))(-1)^n \cos(\frac{n\pi}{L}y)dy = (-1)^{n+1}\int_0^{\frac{L}{2}} f(y)\cos(\frac{n\pi}{L}y)dy$ と

なる. よって $a_n = \frac{2}{L}(1 + (-1)^{n+1})\int_0^{\frac{L}{2}} f(y)\cos(\frac{n\pi}{L}y)dy$ となり,

$n = $ 奇数の項のみ残る.

$f(x + L) = f(x)$ の関係式が満たされる場合は

$$a_n = \frac{4}{L}\int_0^{\frac{L}{2}} f(x)\cos(\frac{n\pi}{L}x)dx \ n = 0, 2, 4, \ldots$$ となる.

14-3. $|z| < 1$ のとき, $\frac{1}{1-z} = \sum_{n=0}^{\infty} z^n$ が成り立つ. $z = re^{i\theta}(0 < r < 1)$ を用

いると $\frac{1}{1 - re^{i\theta}} = \sum_{n=0}^{\infty} r^n e^{in\theta}$. 両辺の実部 ($\Re$) を比べると,

左辺 $= \Re\left[\frac{1}{1 - r\cos\theta - ir\sin\theta}\right] = \frac{1 - r\cos\theta}{1 - 2r\cos\theta + r^2}$,

右辺 $= \Re\left[\sum_{n=0}^{\infty} r^n e^{in\theta}\right] = \sum_{n=0}^{\infty} r^n \cos n\theta$.

よって $\frac{1 - r\cos\theta}{1 - 2r\cos\theta + r^2} = \sum_{n=0}^{\infty} r^n \cos n\theta$ が得られる.

左辺の式を少し変形して

$$\frac{1 - r\cos\theta}{1 - 2r\cos\theta + r^2} = \frac{\frac{1}{2}(1 - 2r\cos\theta + r^2) + \frac{1}{2}(1 - r^2)}{1 - 2r\cos\theta + r^2} = \frac{1}{2}+$$

$$\frac{1}{2}\frac{(1-r^2)}{1-2r\cos\theta+r^2} \text{ より } \frac{1}{1-2r\cos\theta+r^2} =$$
$$\frac{2}{1-r^2}\left(\frac{1}{2}+\sum_{n=1}^{\infty}r^n\cos n\theta\right) \text{ となる．この式は } \frac{1}{1-2r\cos\theta+r^2} \text{ のフー}$$
リエ級数展開と考えることができる．$\cos n\theta$ の係数 $\frac{2r^n}{1-r^2}$ はフーリエ係数であるから，$n \geq 0$ に対して $\frac{1}{\pi}\int_0^{\pi}\frac{\cos n\theta}{1-2r\cos\theta+r^2}d\theta = \frac{r^n}{1-r^2}$.

15-1. $u(x,t) = X(x)T(t)$ と変数分離型にとる．これを拡散方程式に代入すると $\frac{1}{\kappa}\frac{\frac{dT}{dt}}{T} = \frac{1}{X}\frac{d^2X}{dx^2} = -\alpha$. α は定数である．$\alpha > 0$, $\alpha = 0$, $\alpha < 0$ の場合について境界条件を満たす $\frac{d^2X}{dx^2} = -\alpha X$ の解を求める．

$\alpha = 0$ および $\alpha < 0$ のとき，$\frac{dX(0)}{dx} = \frac{dX(L)}{dx} = 0$ より $a = b = 0$ となり，適さない．

$\alpha > 0$ のとき，$X = a\sin\sqrt{\alpha}x + b\cos\sqrt{\alpha}x$, $\frac{dX}{dx} = \sqrt{\alpha}(a\cos\sqrt{\alpha}x - b\sin\sqrt{\alpha}x)$. ここで，$\frac{dX(0)}{dx} = \sqrt{\alpha}a = 0$, $\frac{dX(L)}{dx} = \sqrt{\alpha}(a\cos\sqrt{\alpha}L - b\sin\sqrt{\alpha}L)$ となり $a = 0$, また α は $\sqrt{\alpha}L = n\pi$ を満たす．境界条件を満たす解は $X(x) = \sum_{n=0}^{\infty}A_n\cos(\frac{n\pi}{L}x)$ と書ける．

また，このとき $\frac{dT}{dt} = -\kappa\left(\frac{n\pi}{L}\right)^2 T$ より，$T = e^{-\kappa\left(\frac{n\pi}{L}\right)^2 t}T(0)$ となる．まとめると $u(x,t)$ の解は $u(x,t) = \sum_{n=0}^{\infty}e^{-\left(\frac{n\pi}{L}\right)^2\kappa t}\cos\left(\frac{n\pi x}{L}\right)A_n$ で与えられる．A_n は初期条件 $u(x,0) = f(x)$ より $f(x) = \sum_{n=0}^{\infty}A_n\cos\frac{n\pi x}{L}$ からフーリエ係数は $A_n = \frac{2}{L(1+\delta_{n,0})}\int_0^L f(x)\cos\frac{n\pi x}{L}dx$ となる．

16-1.

(1)
$$F(k) = \frac{1}{\sqrt{2\pi}}\int_{-\infty}^{\infty}e^{-a^2x^2-ikx}dx = \frac{1}{\sqrt{2\pi}}\int_{-\infty}^{\infty}e^{-a^2(x+\frac{ik}{2a})^2 - \frac{k^2}{4a^2}}dx$$
$$= \frac{e^{-\frac{k^2}{4a^2}}}{\sqrt{2\pi}}\int_{-\infty+\frac{ik}{2a}}^{\infty+\frac{ik}{2a}}e^{-a^2z^2}dz.$$

実軸に平行な積分路の複素積分は，実軸との間に特異点はなく，実軸上の

積分値と同じである．よって，$F(k) = \dfrac{1}{\sqrt{2}a}e^{-\frac{k^2}{4a^2}}$．ガウス型関数のフーリエ変換はガウス型となる．

(2)
$$F(\omega) = \frac{1}{\sqrt{2\pi}} \int_{-T}^{T} \cos(\omega_0 t) e^{-i\omega t} dt$$
$$= \frac{1}{\sqrt{2\pi}} [\frac{\sin((\omega - \omega_0)T)}{\omega - \omega_0} + \frac{\sin((\omega + \omega_0)T)}{\omega + \omega_0}].$$

16-2.
$$G(\omega) = \frac{1}{\sqrt{2\pi}} \int_{-\infty}^{\infty} f(t) \cos(\omega_c t) e^{-i\omega t} d\omega$$
$$= \frac{1}{\sqrt{2\pi}} \int_{-\infty}^{\infty} f(t) \frac{1}{2} [e^{-i(\omega - \omega_c)t} + e^{-i(\omega + \omega_c)t}] d\omega = \frac{1}{2}[F(\omega - \omega_c) + F(\omega + \omega_c)].$$

16-3.
$$\sqrt{\frac{2}{\pi}} \int_0^{\infty} F_S(k) G_S(k) \cos(kx) dk$$
$$= \frac{2}{\pi} \int_0^{\infty} dk \int_0^{\infty} dy F_S(k) g(y) \sin(ky) \cos(kx)$$
$$= \frac{1}{\pi} \int_0^{\infty} dk \int_0^{\infty} dy F_S(k) g(y) [\sin(k(x+y)) - \sin(k(x-y))].$$

第 1 項では $x + y > 0$ なので $\sqrt{\dfrac{2}{\pi}} \int_0^{\infty} F_S(k) \sin(k(x+y)) dk = f(x+y)$．一方，第 2 項では $x - y$ は負になり得る．このとき，フーリエ正弦変換は奇関数として拡張された $f^{(-)}$ になる．

$\sqrt{\dfrac{2}{\pi}} \int_0^{\infty} F_S(k) \sin(k(x-y)) dk = f^{(-)}(x-y)$．したがって，

$\mathcal{F}_c^{-1}[F_s(k) G_s(k)](x) = \dfrac{1}{\sqrt{2\pi}} \int_0^{\infty} g(y)(f(x+y) - f^{(-)}(x-y)) dy$ が示された．

17-1. y の積分範囲を，$(-\infty, \infty)$ の積分区間に広げ，

$\int_{-\infty}^{\infty} f(x-y)[e^{-y}\theta(y)] dy = xe^{-x}\theta(x)$ とたたみこみの形に表す．未知関数 $f(x)$ のフーリエ変換を $F(k)$ とする．また $e^{-y}\theta(y)$, $xe^{-x}\theta(x)$ のフーリエ変換をそれぞれ $G(k)$, $H(k)$ とすると $H(k) = \sqrt{2\pi} F(k) G(k)$ となるので，$F(k) = \dfrac{1}{\sqrt{2\pi}} \dfrac{H(k)}{G(k)}$ と与えられる．

$$G(k) = \frac{1}{\sqrt{2\pi}} \int_{-\infty}^{\infty} e^{-y}\theta(y)e^{-iky}dy = \frac{1}{\sqrt{2\pi}}\frac{1}{1+ik},$$

$$H(k) = \frac{1}{\sqrt{2\pi}} \int_{-\infty}^{\infty} xe^{-x}\theta(x)e^{-ikx}dx = \frac{1}{\sqrt{2\pi}}\frac{1}{(1+ik)^2}$$

よって $F(k) = \dfrac{1}{\sqrt{2\pi}} \dfrac{1}{1+ik}$ が得られる．フーリエ逆変換すると

$$f(x) = \frac{1}{\sqrt{2\pi}} \int_{-\infty}^{\infty} F(k)e^{ikx}dk = \frac{1}{2\pi}\int_{-\infty}^{\infty} \frac{e^{ikx}}{i(k-i)}dk = e^{-x}\theta(x)$$

が得られる．（$x>0$ の場合上半面に積分路をとる．$k=i$ に極がある．$x<0$ の場合，下半面に積分路をとると，下半面は正則なので積分はゼロ．）

17-2. デルタ関数 $\delta(x-y) = \frac{1}{2\pi}\int_{-\infty}^{\infty} e^{ik(x-y)}dk$ を利用する．

$$\int_{-\infty}^{\infty} |F(k)|^2 dk = \int_{-\infty}^{\infty} |\frac{1}{\sqrt{2\pi}}\int_{-\infty}^{\infty} f(y)^{-iky}dy|^2 dk$$

$$= \int_{-\infty}^{\infty} dx \int_{-\infty}^{\infty} dy f(x)\bar{f}(y)[\frac{1}{2\pi}\int_{-\infty}^{\infty} dk e^{-ik(x-y)}]$$

$$= \int_{-\infty}^{\infty} dx \int_{-\infty}^{\infty} dy f(x)\bar{f}(y)\delta(x-y) = \int_{-\infty}^{\infty} dx |f(x)|^2$$

が得られる．ここで $\bar{f}$ は f の複素共役．

17-3. k の大きい領域を切断した関数のフーリエ逆変換 $f_K(x)$ は

$$f_K(x) = \frac{1}{\sqrt{2\pi}} \int_{-K}^{K} F(k)e^{ikx}dk = \frac{1}{2\pi}\int_{-K}^{K}[\int_{-\infty}^{\infty} f(y)e^{-iky}dy]e^{ikx}dk$$

$$= \frac{1}{2\pi}\int_{-\infty}^{\infty} dy f(y)[\int_{-K}^{K} e^{-ik(y-x)}dk] = \frac{1}{\pi}\int_{-\infty}^{\infty} \frac{\sin K(x-y)}{x-y}f(y)dy.$$

18-1.

(1) $x(t) = \dfrac{1}{\sqrt{2\pi}}\int_{-\infty}^{\infty} X(\omega)e^{i\omega t}d\omega, f(t) = \dfrac{1}{\sqrt{2\pi}}\int_{-\infty}^{\infty} F(\omega)e^{i\omega t}d\omega$ を微分方程式に代入する．$(-\omega^2 + 2i\alpha\omega + \omega_0^2)X(\omega) = F(\omega)$ より $X(\omega) = \sqrt{2\pi}G(\omega)F(\omega)$ から，$G(\omega) = \dfrac{1}{\sqrt{2\pi}} \dfrac{1}{-\omega^2 + 2i\alpha\omega + \omega_0^2}$ が得られる．

(2) $x(t) = \dfrac{1}{\sqrt{2\pi}}\int_{-\infty}^{\infty} (\sqrt{2\pi}G(\omega)F(\omega))e^{i\omega t}d\omega$ にフーリエ逆変換 $F(\omega) =$

$\frac{1}{\sqrt{2\pi}}\int_{-\infty}^{\infty}f(t')e^{-i\omega t'}dt'$ を代入する.
$$x(t)=\int_{-\infty}^{\infty}\Big[\int_{-\infty}^{\infty}\frac{1}{\sqrt{2\pi}}G(\omega)e^{i\omega(t-t')}d\omega\Big]f(t')dt'=\int_{-\infty}^{\infty}g(t-t')f(t')dt'$$

(3) $g(t)=\frac{1}{2\pi}\int_{-\infty}^{\infty}\frac{e^{i\omega t}}{\omega_0^2-\omega^2+2i\alpha\omega}d\omega$. ここで $\omega^2-2i\alpha\omega-\omega_0^2=0$ の解を $\omega_{1,2}=i\alpha\pm\sqrt{\omega_0^2-\alpha^2}$ とする. $g(t)=-\frac{1}{2\pi}\frac{1}{\omega_1-\omega_2}\int_{-\infty}^{\infty}\Big[\frac{1}{\omega-\omega_1}-\frac{1}{\omega-\omega_2}\Big]e^{i\omega t}d\omega$. $t<0$ のとき, 下半面の半円の積分路を加える. 極は上半面にあるので $g(t)=0$. $t>0$ のとき, 上半面半円の積分路を加える. 留数定理を用い, $g(t)=-\frac{1}{2\pi}\frac{1}{\omega_1-\omega_2}2\pi i(e^{i\omega_1 t}-e^{i\omega_2 t})$. まとめると
$$g(t)=\frac{1}{\sqrt{\omega_0^2-\alpha^2}}e^{-\alpha t}\sin(\sqrt{\omega_0^2-\alpha^2}t)\theta(t).$$

19-1. $F(k)=\frac{1}{\sqrt{2\pi}}\int\delta(x)e^{-ikx}dx=\frac{1}{\sqrt{2\pi}}$. デルタ関数のフーリエ変換は定数となる. $\delta(x)=\frac{1}{\sqrt{2\pi}}\int F(k)e^{ikx}dk=\frac{1}{2\pi}\int e^{ikx}dk$.

19-2.

(1) $$\int_{-X}^{X}f(x)\frac{d\theta}{dx}dx=[f(x)\theta(x)]\Big|_{-X}^{X}-\int_{-X}^{X}\frac{df(x)}{dx}\theta(x)dx=f(0).$$

(2) $$\frac{d\theta(x)}{dx}=\lim_{\epsilon\to+0}\frac{1}{2\pi i}\int_{-\infty}^{\infty}\frac{ise^{ixs}}{s-i\epsilon}ds=\frac{1}{2\pi}\int e^{ixs}ds.$$

19-3. $\int_{t_1}^{t_2}m\frac{d^2x}{dt^2}dt=\int_{t_1}^{t_2}I\delta(t)dt$. 両辺積分すると $m\frac{dx(t)}{dt}\Big|_{t=t_2}-m\frac{dx(t)}{dt}\Big|_{t=t_1}=I$.

20-1. 極座標を用いて積分する. $F(\boldsymbol{k})=\sqrt{\frac{a_0^3}{\pi}}\frac{8}{(1+a_0^2k^2)^2}$.

21-1. $\lambda_m=m^2$, $y_m(\phi)=\frac{1}{\sqrt{2\pi}}e^{im\phi}$. ($m$ は整数)

21-2. 固有値 λ_n,λ_n の固有関数を u_n,u_m とする. $\mathcal{L}u_n(x)=-\lambda_n r(x)u_n(x)$, $\mathcal{L}u_m(x)=-\lambda_m r(x)u_m(x)$. また複素共役をとると, $\mathcal{L}\bar{u}_n=-\bar{\lambda}_n r(x)\bar{u}_n(x)$. よって
$$\int_a^b \bar{u}_n\mathcal{L}u_m dx-\int_a^b u_m\mathcal{L}\bar{u}_n dx=(-\lambda_m+\bar{\lambda}_n)\int_a^b \bar{u}_n(x)u_m(x)r(x)dx.$$
左辺は部分積分すると, 境界条件よりゼロになる. $m\neq n$ のとき,

$(\lambda_m - \bar{\lambda}_n) \neq 0$ より $(u_n, u_m) = 0$ となる．また $n = m$ のとき，$(u_n, u_n) > 0$ より $\lambda_n = \bar{\lambda}_n$ となり，固有値は実数となる．

22-1. 円柱座標でラプラシアンは $\Delta = \dfrac{1}{r}\dfrac{\partial}{\partial r}\left(r\dfrac{\partial}{\partial r}\right) + \dfrac{1}{r^2}\dfrac{\partial^2}{\partial \phi^2} + \dfrac{\partial^2}{\partial z^2}$ と書かれる．$u(r, \phi, z) = R(r)\Phi(\phi)Z(z)$ とすると

$$\frac{1}{R}\left(r\frac{d}{dr}\left(r\frac{d}{dr}\right) + r^2 k^2\right)R + \frac{r^2}{Z}\left(\frac{d^2}{dz^2}\right)Z + \frac{1}{\Phi}\frac{d^2}{d\phi^2}\Phi = 0$$

これから，$\dfrac{d^2\Phi}{d\phi^2} = -n^2\Phi$，$\dfrac{d^2 Z}{dz^2} = -\alpha Z$，および

$$\left(\frac{1}{r}\frac{d}{dr}\left(r\frac{d}{dr}\right) + k^2 - \alpha - \frac{n^2}{r^2}\right)R = 0. \tag{12.1}$$

n は u の 1 価性 $\Phi(0) = \Phi(2\pi)$ より整数となる．式 (12.1) は $k^2 - \alpha = q^2 > 0$ のとき $\rho = qr, q^2 < 0$ のとき $\rho = i|q|r$ とおき変数 ρ に対する微分方程式に書き直すとベッセルの微分方程式となる．

$$\left(\frac{d^2}{d\rho^2} + \frac{1}{\rho}\frac{d}{d\rho} + 1 - \frac{n^2}{\rho^2}\right)R(\rho) = 0.$$

$q^2 < 0$ のとき，実数 $\rho = |q|r$ とおくと，変形ベッセルの微分方程式になる．$\left(\dfrac{d^2}{d\rho^2} + \dfrac{1}{\rho}\dfrac{d}{d\rho} - 1 - \dfrac{n^2}{\rho^2}\right)R(\rho) = 0.$

23-1. $n \geq m$ として一般性を失わない．$m < n$ のとき，ロドリゲスの公式を用い，部分積分を行うと，$\displaystyle\int_{-1}^{1} x^m P_n(x)dx = 0$ が示される．P_m は $m(< n)$ 次の多項式なので $\displaystyle\int_{-1}^{1} P_n(x)P_m(x)dx$ はゼロとなる．$n = m$ の場合，n 回部分積分を実行すると

$$\int_{-1}^{1} P_n(x)P_n(x)dx = \frac{(2n)!}{2^{2n}(n!)^2}\int_{-1}^{1}(1-x^2)^n dx = \frac{2}{2n+1}$$

ここで，$\displaystyle\int_{-1}^{1}(1-x^2)^n dx = \frac{2^{2n+1}(n!)^2}{(2n+1)!}$ を用いた．

23-2.
(1) $f(x) = (x^2 - 1)^n$ として $\dfrac{1}{n!}f^{(n)}(x) = \dfrac{1}{2\pi i}\displaystyle\oint_C \dfrac{f(z)}{(z-x)^{n+1}}dz$ を用いる．

$$\frac{1}{2^n 2\pi i}\oint_C \frac{(z^2-1)^n}{(z-x)^{n+1}}dz = \frac{1}{2^n n!}\frac{d^n}{dx^n}(x^2-1)^n = P_n(x)$$

(2) $\left[(1-x^2)\dfrac{d^2}{dx^2} - 2x\dfrac{d}{dx} + n(n+1)\right]P_n(x) = \dfrac{n+1}{2^n 2\pi i}\oint_C \dfrac{d}{dz}\left\{\dfrac{(z^2-1)^{n+1}}{(z-x)^{n+2}}\right\}$

$dz = 0$. $\dfrac{(z^2-1)^{n+1}}{(z-x)^{n+2}}$ の周回積分はゼロとなる．

23-3. $\dfrac{dQ_1}{dx} = \dfrac{1}{2}\log\dfrac{x+1}{x-1} + \dfrac{x}{1-x^2}, \dfrac{d^2Q_1}{dx^2} = \dfrac{2}{1-x^2} + \dfrac{2x^2}{(1-x^2)^2}$ を用いると $[(1-x^2)\dfrac{d^2}{dx^2} - 2x\dfrac{d}{dx} + 2]Q_1 = 0$ が示される．

24-1.
(1) ルジャンドル多項式の母関数 $\Phi(x,h) = \dfrac{1}{(1-2xh+h^2)^{\frac{1}{2}}}$ より
$\Phi(x,h) = \sum_{n=0}^{\infty} h^n P_n(x) = \Phi(-x,-h) = \sum_{n=0}^{\infty}(-h)^n P_n(-x)$ より $P_n(x) = (-1)^n P_n(-x)$ が得られる．

(2) $\Phi(1,h) = \dfrac{1}{1-h} = 1 + h + h^2 + \cdots$ より $P_n(1) = 1$．
$\Phi(-1,h) = \dfrac{1}{1+h} = 1 - h + h^2 + \cdots$ より $P_n(-1) = (-1)^n$．

(3) $\Phi(0,h) = \dfrac{1}{\sqrt{1+h^2}} = 1 - \dfrac{h^2}{2} + \dfrac{3h^4}{8} - \cdots$ より n が奇数のとき，$P_n(0) = 0$．n が偶数 $2m$ のとき，$P_{2m}(0) = \dfrac{(-1)^m(2m)!}{2^{2m}(m!)^2}$．

24-2. 式 (8.28) − 式 (8.27)×n より $P'_{n+1} = (n+1)P_n + xP'_n$．式 (8.27)×$(n+1)$ − 式 (8.28) より $P'_{n-1} = -nP_n + xP'_n$．これから $P'_{n+1} - P'_{n-1} = (2n+1)P_n$ が得られる．両辺を 0 から 1 まで積分する．

25-1. $f(x) = \sum_{n=0}^{\infty} a_n P_n(x)$ とルジャンドル多項式に展開する．a_n は $a_n = \dfrac{2n+1}{2}\int_{-1}^{1} P_n(x)f(x)dx$ から得られる．問題の場合，$x^2 = \dfrac{2}{3}(\dfrac{3x^2-1}{2}) + \dfrac{1}{3} = \dfrac{2}{3}P_2 + \dfrac{1}{3}P_0$ と，P_l の具体的な表式を用いた方が早い．よって $a_2 = \dfrac{2}{3}, a_0 = \dfrac{1}{3}$，ほかの係数はゼロ．

25-2. 例題 22 から $V(r,\theta) = \sum_{n=0}^{\infty} R_n(r)P_n(\cos\theta)$ とすると，R_n は
$[\dfrac{d^2}{dr^2} + \dfrac{2}{r}\dfrac{d}{dr} - \dfrac{n(n+1)}{r^2}]R_n = 0$．ここで，付録の微分方程式の級数解の解法に従い，$R_n(r) = \sum_{m=0}^{\infty} r^{m+\alpha}c_m$ と展開して解くと $\alpha = n, -n-1$ および $m \geq 1$ に対して $c_m = 0$ が得られる．したがって，解は $V(r,\theta)$

$$= \sum_{n=0}^{\infty} [a_n r^n + b_n \frac{1}{r^{n+1}}] P_n(\cos\theta) \text{ と与えられる}.$$

25-3. 25-2 の結果を用いる．$r = R$ において $V = 0$ から

$$V = \sum_{n=0}^{\infty} a_n (r^n - \frac{R^{2n+1}}{r^{n+1}}) P_n(\cos\theta).$$ $r \gg R$ において第 2 項は寄与しない．

$$\sum_{n=0}^{\infty} a_n r^n P_n = -E_0 r \cos\theta. \text{ これより } a_1 = -E_0, \text{ ほかの } a_n \text{ はゼロ}.$$

$$V(r,\theta) = -E_0 (r - \frac{R^3}{r^2}) \cos\theta$$

26-1.

(1) $$\frac{d^m}{dx^m} \left[(1-x^2) \frac{d^2 P_n}{dx^2} \right] = (1-x^2) \frac{d^2 f}{dx^2} - 2xm \frac{df}{dx} - m(m-1) f$$

および $\frac{d^m}{dx^m}(-2x \frac{dP_n}{dx}) = -2x \frac{df}{dx} - 2mf$ を用いる．

(2) $f(x) = \frac{1}{(1-x^2)^{\frac{m}{2}}} g(x)$ から $\frac{df}{dx} = \frac{1}{(1-x^2)^{\frac{m}{2}}} \left[\frac{dg}{dx} + \frac{mx}{1-x^2} g \right]$,

$$\frac{d^2 f}{dx^2} = \frac{1}{(1-x^2)^{\frac{m}{2}}} \left[\frac{d^2 g}{dx^2} + \frac{2mx}{1-x^2} \frac{dg}{dx} + \frac{m+m(m+1)x^2}{(1-x^2)^2} g \right] \text{ が得られる}.$$

これを $(1-x^2) \frac{d^2 f}{dx^2} - 2(m+1) x \frac{df}{dx} + (n(n+1) - m(m+1)) f$ に代入する．

$$\left((1-x^2) \frac{d^2}{dx^2} - 2x \frac{d}{dx} + n(n+1) - \frac{m^2}{1-x^2} \right) g(x) = 0 \text{ が得られる}.$$ $g(x)$
は P_n^m と定数倍異なるだけなので，P_n^m が満たす方程式が示された．

(3) P_n は n 次の多項式なので $m > n$ のとき，m 回微分するとゼロとなる．

26-2.

(1) $\frac{d^{n-m}}{dx^{n-m}}(x^2-1)^n = \frac{(n-m)!}{(n+m)!}(x^2-1)^m \frac{d^{n+m}}{dx^{n+m}}(x^2-1)^n$ を示す．

これから，

$$P_n^{-m} = \frac{1}{2^n n!}(1-x^2)^{-\frac{m}{2}} \frac{d^{n-m}}{dx^{n-m}}(x^2-1)^n$$

$$= \frac{1}{2^n n!}(1-x^2)^{-\frac{m}{2}} \frac{(n-m)!}{(n+m)!}(x^2-1)^m \frac{d^{n+m}}{dx^{n+m}}(x^2-1)^n$$

$$= (-1)^m \frac{(n-m)!}{(n+m)!} P_n^m(x).$$

(2) $\bar{Y}_{l,m} = (-1)^m \sqrt{\frac{(2l+1)(l-m)!}{4\pi(l+m)!}} P_l^m(\cos\theta) e^{-im\phi}.$

一方，$Y_{l,-m} = (-1)^m \sqrt{\dfrac{(2l+1)(l+m)!}{4\pi(l-m)!}} P_l^{-m}(\cos\theta)e^{-im\phi}$.

右辺に (1) で得られた P_l^{-m} を代入する．

27-1. 積分表示の方法：

$$J_n(x) = \frac{1}{2\pi i}\left(\frac{x}{2}\right)^n \oint_C \frac{1}{t^{n+1}} e^{t-\frac{x^2}{4t}} dt = \frac{1}{2\pi i}\left(\frac{x}{2}\right)^n \oint \sum_{k=0}^{\infty} \frac{(-1)^k x^{2k}}{2^{2k} k!} \frac{e^t}{t^{n+k+1}} dt.$$

$n \geq 0$ のとき $n+k+1 > 0$ で $\dfrac{e^t}{t^{n+k+1}}$ の留数は $\dfrac{1}{(n+k)!}$ である．よって，$J_n(x) = \displaystyle\sum_{k=0}^{\infty} \frac{(-1)^k x^{n+2k}}{k!(n+k)! 2^{n+2k}}$.

$n < 0$ のとき，$n+k+1 > 0$ なる k が寄与し，$\dfrac{e^t}{t^{n+k+1}}$ の留数は $\dfrac{1}{(n+k)!}$

$$J_{-|n|}(x) = \sum_{k=|n|}^{\infty} \frac{(-1)^k x^{-|n|+2k}}{k!(-|n|+k)! 2^{-|n|+2k}}.$$

$k - |n| = m$ とおくと

$$J_{-|n|}(x) = \sum_{m=0}^{\infty} \frac{(-1)^{m+|n|} x^{|n|+2m}}{(|n|+m)! m!} \frac{1}{2^{|n|+2m}} = (-1)^n J_{|n|}(x).$$

27-2. $y = t^{\frac{1}{3}} g(t), t = \dfrac{2}{3} x^{\frac{3}{2}}$ とおく．ここで $\dfrac{d}{dx}y = x^{\frac{1}{2}}\left(\dfrac{1}{3}t^{-\frac{2}{3}}g + t^{\frac{1}{3}}\dfrac{dg}{dt}\right), \dfrac{d^2 y}{dx^2}$

$= xt^{\frac{1}{3}}\left(\dfrac{d^2 g}{dt^2} + \dfrac{1}{t}\dfrac{dg}{dt} - \dfrac{1}{9t^2}g\right)$．よって

$$\left(\frac{d^2}{dx^2} + x\right)y = xt^{\frac{1}{3}}\left(\frac{d^2}{dt^2} + \frac{1}{t}\frac{d}{dt} + \left(1 - \frac{1}{9t^2}\right)\right)g = 0$$

となる．したがって $g(t) = J_{\pm\frac{1}{3}}(t)$ で与えられ，解は $y = \sqrt{x} J_{\pm\frac{1}{3}}(\frac{2}{3}x^{\frac{3}{2}})$ となる．$x < 0$ のとき $z = -x$ とおくと，$z > 0$ において，$\dfrac{d^2 y}{dz^2} - zy = 0$ となり，同様に $y = \sqrt{z} h(\frac{2}{3} z^{\frac{3}{2}})$ とおいて計算すると h は $\left(\dfrac{d^2}{dz^2} + \dfrac{1}{z}\dfrac{d}{dz}\right.$ $\left. + (-1 - \dfrac{1}{9z^2})\right) h = 0$ を満たす．解は，変形ベッセル関数 $I_\nu(z)$ を用いて $h = I_{\pm\frac{1}{3}}(z)$ と与えられる．

27-3. ベッセル関数の級数展開による表式に $\nu = \frac{1}{2}$ を代入．

$$J_{\frac{1}{2}}(x) = \sqrt{\frac{x}{2}} \sum_{k=0}^{\infty} \frac{(-1)^k}{k!} \frac{x^{2k}}{2^{2k}} \frac{1}{\Gamma(k + \frac{3}{2})}.$$ ここで $\Gamma(k + \frac{3}{2}) = (k + \frac{1}{2})$

$\times (k - \frac{1}{2}) \cdots \frac{1}{2}\Gamma(\frac{1}{2}) = \dfrac{(2k+1)!}{k! 2^{2k+1}}\sqrt{\pi}$ を用いると

$$J_{\frac{1}{2}}(x) = \sqrt{\frac{2}{\pi x}} \sum_{k=0}^{\infty} \frac{(-1)^k x^{2k+1}}{(2k+1)!} = \sqrt{\frac{2}{\pi x}} \sin x.$$

28-1. 母関数から $e^{\frac{x+y}{2}(t-\frac{1}{t})} = \sum_{n=-\infty}^{\infty} J_n(x+y) t^n$.

一方, $e^{\frac{x+y}{2}(t-\frac{1}{t})} = \sum_{p=-\infty}^{\infty} J_p(x) t^p \sum_{q=-\infty}^{\infty} J_q(y) t^q$, t^n の係数を比べると

$$J_n(x+y) = \sum_{m=-\infty}^{\infty} J_m(x) J_{n-m}(y)$$ が得られる.

28-2. 積分表示 $J_0(x) = \dfrac{1}{2\pi} \int_{-\pi}^{\pi} e^{ix\sin\theta} d\theta = \dfrac{1}{2\pi} \int_0^{2\pi} e^{ix\sin\theta} d\theta$ を用いる.

$$I = \int_0^{\infty} e^{-ax} \frac{1}{2\pi} \int_0^{2\pi} e^{ix\sin\theta} d\theta dx = \frac{1}{2\pi} \int_0^{2\pi} \frac{1}{a - i\sin\theta} d\theta.$$

$z = e^{i\theta}$ とし, 留数定理を用いると $I = \dfrac{1}{\sqrt{a^2+1}}$ を得る.

28-3. 母関数 $\Phi(x,t) = e^{\frac{x}{2}(t-\frac{1}{t})} = \sum_{n=-\infty}^{\infty} J_n(x) t^n$ を用いる. 両辺を x で微分し, t のべきを揃えて係数を比較すると $J_{n-1}(x) - J_{n+1}(x) = 2J_n'(x)$. (12.2) また両辺を t で微分すると $J_{n+1} + J_{n-1} = \dfrac{2n}{x} J_n$. (12.3) 式 (12.2) + 式 (12.3) から $J_{n-1} = \dfrac{n}{x} J_n + J_n'$. 式 (12.3) − 式 (12.2) より $J_{n+1} = \dfrac{n}{x} J_n - J_n'$.

29-1. $J_n(x)$ の隣り合う2つのゼロ点を p, q, また $0 < p < q$ とする. $p < x < q$ の間に, $\frac{d}{dx}(x^n J_n(x))$ は少なくとも1回ゼロとなる. $\frac{d}{dx}(x^n J_n) = x^n J_{n-1}$ より J_{n-1} のゼロ点は少なくとも1つある. J_{n-1} のゼロ点が2つあるとすると, 同様の議論から J_n のゼロ点が少なくとも, もう1つ存在することになる. これは p, q が隣り合うゼロ点という仮定に反する. したがって区間 $[p,q]$ に J_{n-1} は1つのゼロ点をもつ. 同様に J_{n+1} も1つのゼロ点をもつ.

29-2. $x = 0$ において $y = 0$, $x = \pi$ において $y = \pi$. $y - x$ は $x = 0, \pi$ においてゼロとなり, $y - x$ を正弦関数で展開する $y - x = \sum_{n=1}^{\infty} b_n \sin(nx)$. 係数 b_n は $b_n = \dfrac{2}{\pi} \int_0^{\pi} (y-x) \sin nx \, dx$. 積分を実行すると

$$b_n = \frac{2}{n\pi} \int_0^{\pi} \cos(nx) \frac{dy}{dx} dx = \frac{2}{n\pi} \int_0^{\pi} \cos(n(y - e\sin y)) dy = \frac{2}{n} J_n(ne).$$

30-1. e^{ikz} は $\left(\dfrac{\partial^2}{\partial x^2} + \dfrac{\partial^2}{\partial y^2} + \dfrac{\partial^2}{\partial z^2} + k^2\right)u = 0$ の解. 一方を球座標を用い, z 軸に対して対称な解は一般に $e^{ikz} = e^{ikr\cos\theta} = \sum_{l=0}^{\infty}(a_l j_l(kr) + b_l n_l(kr))P_l(\cos\theta)$.

$r \to 0$ において e^{ikz} は有界なので $b_l = 0$. 次にルジャンドル関数の直交性を用いて $j_l(kr)a_l = \dfrac{2l+1}{2}\displaystyle\int_{-1}^{1} e^{ikrx}P_l(x)dx$ $(\cos\theta = x)$ となる. ここで, $j_l(kr)$ をべき級数に展開すると, 左辺は $j_l(kr) = \dfrac{(kr)^l}{(2l+1)!!} + \cdots$. また, 右辺は e^{ikrx} をべき級数に展開すると,

$\dfrac{2l+1}{2}\displaystyle\int_{-1}^{1}\sum_{m=0}^{\infty}i^m\dfrac{(kr)^m x^m}{m!}P_l(x)dx$, $\displaystyle\int_{-1}^{1}x^l P_l(x)dx = \dfrac{2\cdot l!}{(2l+1)!!}$ を用い, 最低次の $(kr)^l$ の係数を両辺で比較すると $a_l = i^l(2l+1)$ が得られる.

30-2. $e^{ixt} = \displaystyle\sum_{l=0}^{\infty} i^l(2l+1)j_l(x)P_l(t)$ より,

$\displaystyle\int_{-1}^{1} e^{ixt}P_l(t)dt = \sum_{l'=0}^{\infty} i^{l'}(2l'+1)j_{l'}(x)\int_{-1}^{1}P_{l'}(t)P_l(t)dt = i^l 2 j_l(x)$.

索 引

【き】
ギブス（Gibbs）の現象 56
球ベッセル関数 123
球面調和関数 102
共役複素数 1
極 28
極形式 1

【く】
区分的になめらか 11

【こ】
項別微分 57
コーシー・リーマンの関係式 10
コーシーの積分公式 26
コーシーの積分定理 12
孤立特異点 27

【し】
周期関数 54
収束半径 3
主値 4
昇降演算子 123
真性特異点 28

【せ】
整関数 14
絶対可積分 74
絶対値 1
切断 48

【た】
対数関数 3
多価関数 4
たたみこみ 76
単連結 12

【て】
テイラー展開 26
デルタ関数 77

【と】
特異点 10

【の】
ノイマン関数 121

【は】
ハンケル関数 122

【ふ】

フーリエ・ベッセルの展開......123
フーリエ逆変換....................75
フーリエ級数......................54
フーリエ係数......................54
フーリエ正弦級数展開...........56
フーリエ正弦変換.................75
フーリエの積分公式...............75
フーリエ変換......................74
フーリエ余弦変換.................75
複素数...............................1
複素フーリエ級数................56
複素平面............................1
部分分数分解.....................39
分岐点.............................47
分枝................................46

【へ】

閉曲線.............................11
べき級数............................3
ベッセル関数....................121
偏角................................1

【ほ】

ポアソンの積分公式..............33
母関数............................100

【む】

無限積表示.......................41

【ゆ】

有理関数............................2

【り】

留数................................28
留数定理..........................28

【る】

累乗関数............................3
ルジャンドル多項式.............100
ルジャンドル陪関数.............101

【ろ】

ローラン展開......................27
ロドリゲスの公式...............100
ロピタルの公式..................37

著者紹介

佐藤 透（さとう とおる）

1980 年　大阪大学理学研究科物理学専攻博士課程修了
　　　　（理学博士）
1980 年　大阪大学理学部物理学教室助手
1995 年　大阪大学大学院理学研究科物理学専攻助教授
　　　　（～現在（准教授）に至る）
専　門　原子核理論，ハドロン物理

フロー式 物理演習シリーズ 2	著　者　佐藤　透　ⓒ 2013
複素関数とその応用 複素平面でみえる 物理を理解するために	監　修　須藤彰三 　　　　岡　真
Introductory complex analysis and related mathematical tools in physics	発行者　南條光章
	発行所　**共立出版株式会社**
2013 年 11 月 15 日　初版 1 刷発行	東京都文京区小日向 4-6-19 電話　03-3947-2511（代表） 郵便番号　112-8700 振替口座　00110-2-57035 URL http://www.kyoritsu-pub.co.jp/
	印　刷　大日本法令印刷
	製　本　中條製本
検印廃止 NDC 421.5 ISBN 978-4-320-03501-0	一般社団法人 自然科学書協会 会員 Printed in Japan

JCOPY ＜(社)出版者著作権管理機構委託出版物＞
本書の無断複写は著作権法上での例外を除き禁じられています。複写される場合は，そのつど事前に，(社)出版者著作権管理機構（電話 03-3513-6969，FAX 03-3513-6979，e-mail: info@jcopy.or.jp）の許諾を得てください。

《公式集》

複素関数

複素数 $z = x + iy$, 極形式 $z = re^{i\theta}$, 共役複素数 $\bar{z} = x - iy$

コーシー・リーマン条件

$f(z) = u + iv$ とし, $\dfrac{\partial u}{\partial x} = \dfrac{\partial v}{\partial y}, \dfrac{\partial u}{\partial y} = -\dfrac{\partial v}{\partial x}$

複素積分

$$\int_C f(z)dz = \int f(z(t))\frac{dz}{dt}dt$$

コーシーの積分定理

$$\oint_C f(z)dz = 0 \text{ （積分路 } C \text{ 内で } f(z) \text{ は正則)}$$

コーシーの積分公式

$$f(a) = \frac{1}{2\pi i}\oint_C \frac{f(z)}{z-a}dz$$

ローラン展開

$$f(z) = \sum_{n=-\infty}^{\infty} f_n(z-a)^n, f_n = \frac{1}{2\pi i}\oint_C \frac{f(z)}{(z-a)^{n+1}}dz$$

留数定理

$$\frac{1}{2\pi i}\oint_C f(z)dz = \sum_{i=1}^{N} \text{Res} f(a_i)$$

フーリエ展開

フーリエ級数展開

$$f(x) \sim \frac{a_0}{2} + \sum_{n=1}^{\infty}[a_n \cos\frac{n\pi}{L}x + b_n \sin\frac{n\pi}{L}x]$$

フーリエ係数

$$a_n = \frac{1}{L}\int_{-L}^{L} f(x)\cos(\frac{n\pi}{L}x)dx, b_n = \frac{1}{L}\int_{-L}^{L} f(x)\sin(\frac{n\pi}{L}x)dx$$

複素フーリエ級数展開

$$f(x) \sim \sum_{n=-\infty}^{\infty} c_n e^{in(\pi/L)x}, c_n = \frac{1}{2L}\int_{-L}^{L} f(x)e^{-in(\pi/L)x}dx.$$

フーリエ変換

フーリエ変換，逆変換

$$F(k) = \frac{1}{\sqrt{2\pi}}\int_{-\infty}^{\infty} f(x)e^{-ikx}dx, f(x) = \frac{1}{\sqrt{2\pi}}\int_{-\infty}^{\infty} F(k)e^{ikx}dx$$

フーリエ積分公式

$$f(x) \sim \frac{1}{2\pi}\int_{-\infty}^{\infty}\left(\int_{-\infty}^{\infty} f(y)e^{-iky}dy\right)e^{ikx}dk$$

たたみこみ

$$h(x) = (f*g)(x) = \int_{-\infty}^{\infty} f(x-y)g(y)dy$$

たたみこみのフーリエ変換

$$H(k) = \sqrt{2\pi}F(k)G(k)$$

デルタ関数

$$\int_{-\infty}^{\infty} f(x)\delta(x) = f(0), \delta(x) = \frac{1}{2\pi}\int_{-\infty}^{\infty} e^{ikx}dk.$$